AI时代
人性的弱点
I, HUMAN

[英] 托马斯·查莫罗-普雷穆季奇 ◎ 著
(Tomas Chamorro-Premuzic)

李文远 ◎ 译

中国科学技术出版社
·北 京·

本书中文简体字版通过 **Grand China Publishing House**（中资出版社）授权中国科学技术出版社在中国大陆地区出版并独家发行。未经出版者书面许可，不得以任何方式抄袭、节录或翻印本书的任何部分。

北京市版权局著作权合同登记　图字：01-2024-5272

图书在版编目（ＣＩＰ）数据

AI 时代人性的弱点 / （英）托马斯·查莫罗－普雷穆季奇著；李文远译. -- 北京 : 中国科学技术出版社，
2025. 1. -- ISBN 978-7-5236-1042-8
Ⅰ. B84-49
中国国家版本馆 CIP 数据核字第 2024P2P186 号

执行策划	黄　河　桂　林
责任编辑	申永刚
策划编辑	申永刚
特约编辑	钟　可
版式设计	王永锋
封面设计	东合社
责任印制	李晓霖

出　　版	中国科学技术出版社
发　　行	中国科学技术出版社有限公司
地　　址	北京市海淀区中关村南大街 16 号
邮　　编	100081
发行电话	010-62173865
传　　真	010-62173081
网　　址	http://www.cspbooks.com.cn

开　　本	787mm×1092mm　1/32
字　　数	168 千字
印　　张	7
版　　次	2025 年 1 月第 1 版
印　　次	2025 年 1 月第 1 次印刷
印　　刷	深圳市精彩印联合印务有限公司
书　　号	ISBN 978-7-5236-1042-8/B·193
定　　价	69.80 元

（凡购买本社图书，如有缺页、倒页、脱页者，本社销售中心负责调换）

I, HUMAN

在人工智能的浪潮中，我们面临着技术的挑战，更面临着人性的考验。本书深入探讨了 AI 如何影响人类行为，以及我们如何在智能技术主导的世界中保持人性。

谨以此书献给伊莎贝尔（Isabelle）和维克托（Viktor），致敬敢于冒险的人生。

本书赞誉
I, HUMAN

单仁博士
中国生产力促进中心协会副理事长、央视财经、凤凰卫视评论员

　　《AI 时代人性的弱点》是每一个在数字化转型道路上探索的企业领袖和管理者的必读之作。在 AI 时代，理解技术带来的机会，同时理解人工智能带来的变化，特别是在人性方面的变化至关重要。托马斯博士以其独到的视角，剖析了人工智能如何重塑我们的工作、社交和个人生活。作为一名专注于互联网转型和企业成长的商业顾问，我深知这本书对企业管理者、经营者把握人工智能时代的重大机遇所带来的深刻启发。

朱莉娅·吉拉德（Julia Gillard）
澳大利亚前总理、澳大利亚历史上第一位女总理

　　托马斯博士帮我们更好地了解机器和人类，从而将我们的人工智能知识引领到一个全新的方向。这本书将激励你更好地生活，并学到更多东西。

乔希·贝尔辛（Josh Bersin）
全球行业分析师、人才管理和 HR 数字化界顶尖专家

人工智能变得越来越普遍，我们要对它改变人类行为的方式变得更加敏感。随着人工智能进入我们日常生活的方方面面，本书提出了与此相关的一些重要问题，值得我们所有人去思考。

埃米尼亚·伊贝拉（Herminia Ibarra）
全球五十大管理思想家（Thinkers50）之一、伦敦商学院组织行为学教授、畅销书《逆向管理》（*Act Like a Leader, Think Like a Leader*）作者

托马斯的这本著作发人深省，他从心理学家的角度出发，直言不讳地指出我们人类的优缺点。《AI 时代人性的弱点》充满了关于人类优缺点的启发性见解，为人类如何在一个智能技术主导的世界中繁荣发展提供了一份路线图。

凯塔琳娜·伯格（Katarina Berg）
Spotify[①] 首席人力资源官

这是一部极具洞察力的著作，它及时给我们指明了方向。托马斯博士为我们打开了一扇窗户，让我们得以大胆地窥视人工智能对人类行为的影响。在这个高度科技化的时代，如果你关心人性化工作，那这本书值得一读。看完之后，你就会知道为什么人性化对人类来

---

① 一个流媒体音乐服务平台。Spotify 官方尚未确定正式的中文名字，来自民间的中文译名有"声田""声破天"等。——编者注

说非常重要，但人们却不知道如何去实现它。对于试图建立一个美好职场的我们来说，本书是极好的读物。

艾米·C.埃德蒙森（Amy C. Edmondson）
哈佛商学院教授、《无畏的组织》（*The Fearless Organization*）**作者**

在人工智能如何掌控我们生活这个问题上，托马斯提出了他的权威看法，其观点既有趣，又富有知识性。本书以风趣且桀骜不驯的语言、充分的论据探讨科技对人类的影响，有趣且引人入胜。它详细讲述了算法如何操控我们的注意力，让我们愈发急躁和傲慢、无法集中注意力和进行深度思考、创造力下降，最终变得越来越不快乐。归根结底，《AI时代人性的弱点》一书试图唤醒我们内心深处那些美好的东西，帮助我们找回有意义的、令人愉快的、充满选择和正常社交的圆满生活。

奥利弗·伯克曼（Oliver Burkeman）
畅销书《四千周》（*Four Thousand Weeks*）**作者**

在关于人工智能的探讨中，科技狂热者和末日论者占据着主导地位。正因如此，这本观点独树一帜的著作令人耳目一新。人类与人工智能之间的现有关系虽令人担忧，但也能产生积极结果，本书对其进行了清晰的描述，并提出一个鼓舞人心的论点，即人类与人工智能的关系在未来将如何帮助我们维持和提升我们人类最基本的品质，而非削弱它们。

安杰拉·达克沃思（Angela Duckworth）
畅销书《坚毅》（*Grit*）*作者*

人类创造出了可以预测未来的机器，而身处这些超级强大的机器当中，我们如何才能保持人性？对于想知道此问题答案的人来说，这是一本必读之书。

亚当·格兰特（Adam Grant）
畅销书《离经叛道》（*Originals*）*作者*

这是一本引人入胜的读物，它阐述了人工智能如何塑造人类，而人类又该如何塑造人工智能。托马斯剖析了我们应如何借助科技强化人类智力，并提醒我们应发展人类特有的技能，使机器人无法取代我们。

多里·克拉克（Dorie Clark）
《华尔街日报》（*Wall Street Journal*）*畅销书《长期博弈》*（*The Long Game*）*作者、供职于杜克大学福库商学院行政教育系*

在人工智能领域，我们终于看到了一本关注人类甚于关注机器的著作。本书以强有力的观点阐述了我们应如何重拾人类最有价值的却往往被忽视的美德。

与人工智能的互动，
重新定义人性的表达

关于人工智能的崛起，市面上充斥着大量印刷物和电子资料。根据商业媒体和专家们的预言，人工智能将是推动新一轮工业革命的"下一个大事件"；技术布道者们更是宣称，人工智能技术将改变人类的工作方式，帮助人类治疗疾病，并有望消除人类的所有偏见。

我敢说，你肯定听过全球知名的技术狂热者做的一些悲观预测，他们认为人工智能可能会对我们人类构成威胁，并取而代之。例如：

一向乐观的比尔·盖茨（Bill Gates）承认他"对超级智能的发展感到担忧"；

已故的史蒂芬·霍金（Stephen Hawking）也指出，"拥有超级智能的人工智能极其擅长实现自身目标，如果这些目标与人类的目标相矛盾，那我们麻烦就大了"；

埃隆·马斯克（Elon Musk）试图将人工智能植入人类大脑，但他还是把人工智能称作"人类文明存续所面临的重大风险"。

既然如此，那为什么还要再看一本关于人工智能的书呢？

技术乌托邦主义者和卢德分子①（Luddites）都对人工智能做出了种种预测，但奇怪的是，他们忽略了一个重要话题：人工智能是如何改变我们的生活、价值观和基本存在方式的？现在是时候从人类的角度来审视人工智能了，这种审视应当包括评估人工智能时代对人类行为产生的影响。

人工智能将如何改变我们的工作方式、人际关系、健康和消费等生活领域？

在社会和文化层面，人工智能时代和人类历史上的文明有何重大区别？

人工智能又会如何重新定义我们表达人性的主要形式？

---

① 又称"勒德分子"，是 19 世纪英国工业革命时期因机器代替了人力而失业的技术工人。现在引申为持有反机械化以及反自动化观点的人。——编者注

世界是由人类的缺陷和错误认知构成的

这些问题深深吸引着我。过去几十年里，我作为一名心理学家，不断研究人类的各种特点和弱点，并试图弄清楚影响人类行为的因素到底是什么。二十多年来，我的研究大多侧重于理解人类智能。我想找到一种方法去定义和衡量人类智能，我想知道：如果我们决定不使用人类智能，特别是在选举领导人的时候，会发生什么事情？这些研究表明，我们这个世界是由人类的缺陷和错误认知构成的，而它们往往让世界变得更糟糕。我们常常过度依赖自己对数据的直觉，错把信心当能力，还倾向于服从无能的男性领导人，不把有能力的女性（和有能力的男性）领导人当回事。

这些都是人类在这个世界上所面临的主要难题。作为一名科学从业者，在我的整个职业生涯中，我始终努力寻找帮助人们和组织做出更合理的、以数据为依据的决策方法。就是在这种机缘巧合之下，我发现了人工智能。我把它当作一种工具，因为它在解读人们的工作动态方面具有明显的潜力。它不仅可以预测，还能帮助个人、团队和组织取得更好的业绩表现。我花了大量时间来设计和使用人工智能，选择合适的员工、经理和领导者，提升组织的多样性和公平性，帮助更多人在工作中不断成长，尤其是那些遭到过不公平待遇和受人排斥的员工。

没人掌握关于未来的数据，所以我们很难预知人工智能将如何发展。至少到目前为止，人工智能大多应用于数据层面。这类人工智能通常是部分自我生成的算法，不管最终能否达到或超过人类的智能水平，它们都拥有从一大堆数据中发现隐藏模式的无情能力，都能永不停歇地进化、学习、解除学习、自动纠正和完善。

人工智能虽看不见、摸不着，却无处不在，时刻影响着我们的生活。我们每天都在不自觉地与人工智能互动，比如向 Siri 或 Alexa[①] 提问、观看数字广告、线上浏览新闻或内容。我们频繁使用手机和浏览社交媒体，与人工智能互动的时间可能比与配偶、朋友和同事互动的时间都要长；而他们在与我们互动时，也受人工智能的影响。人工智能无处不在，就算它仍在进化当中，且存在很多不确定性，但有一点毋庸置疑：它在重新定义我们的生活、我们与世界互动的方式，甚至重新定义我们自己。

我们生活在一个复杂的世界，我们陈旧的大脑再也无法依靠直觉或本能来做出正确选择，如果想成为现代社会有用的人，就更是如此。而人工智能具备改善人类生活的潜能，例如在评

---

① 亚马逊旗下的智能语言助手。——编者注

估应聘者简历或面试表现时，精心设计的人工智能比大多数人类招聘者做得更好；在驾驶汽车时，人工智能的表现也优于绝大多数人类司机；在治病救人时，人工智能也能作出比人类医生更准确、更可靠、更快的诊断；侦测信用卡诈骗活动方面，人工智能的表现同样优于人类。

人工智能把我们变得更无聊、更容易预测

　　精英主义认为，人的命运应取决于自身的技能和努力水平。这是一种相当普遍的看法，但在世界上，人的命运更多取决于特权和阶级。你的出生地、父母背景和所处社会阶层，都比你的潜力和实际表现更能影响你在未来是否成功，这种道理在美国尤为适用。相较于其他科技发明，人工智能更善于暴露出这些偏见，它能在完全不知道某人所属阶级、性别、种族和地位的情况下识别其真实的天赋和潜力。最重要的是，人工智能的主要目标不是取代人类的专业经验，而是强化这些知识。在任何决策领域，人工智能会根据数据形成深刻见解，帮助人类提升专业知识水平。

　　但在人工智能时代，人类也出现了一些不良行为倾向。我们变得越来越缺乏耐心、容易产生错觉，我们在解读这个世界

时更以自我为中心。我们还对社交媒体平台上瘾，这些平台让人类的自恋以数字化形式盛行于世，并将人工智能时代变成了人类自我痴迷、充满优越感和时刻寻求关注的时代。人工智能时代把我们变成了更无聊、更容易被预测的生物，弱化了我们人生经历的广度和丰度。最后，人工智能可能正在削弱我们对知识和社交的好奇心，它会用最快的速度和最简单的答案回答我们遇到的一切问题，让我们失去提问的动力。

也许未来情况会有所好转，毕竟人工智能仍处于初级阶段。希望在它进化的同时，人类管控人工智能和与之相处的能力也得到提升，从科技进步中获益。只是现在我们明显需要担心人工智能时代对人类行为带来的冲击和影响。我写这本书的目的是想探讨当下，而不是预测未来。我关注的是当前人类与人工智能互动的现实。

人类一直将自身的文化消亡和恶化归咎于科技发明，这种情况在历史上屡见不鲜。自电视问世以来，批评家们就不停地指责电视节目是"毒害人类的鸦片"，抑制了人类想象力和智力发展，助长了暴力和侵略行为。16 世纪，报纸刚开始发行，对这种新鲜事物持怀疑态度的人担心报纸会永远扼杀社交聚会。他们认为，有了报纸以后，大家在社交场合就不会再交流信息或聊八卦，那聚会还有什么意义？我们把时间往回推到古希腊时代，与当时的很多哲学家一样，苏格拉底[1]（Socrates）完全不动笔写作，因为他担心写作会导致记忆力衰退。

这种猛烈抨击新式媒体工具的做法是实实在在的人类历史。如果我们以此为论据，反驳那些耸人听闻的科技创新论，似乎也站得住脚。不过，对于批评者的过度反应，若只进行不痛不痒的回击，可能也不算是最佳选择。既然人工智能的重要优势之一是它能够收集和分析与人类行为相关的数据，那我们何不利用这个机会，以一种循证[2]（evidence-based）方式来评估人工智能时代的人类行为会受到的影响呢？

我写这本书的目的正在于此，怀揣着这个想法，我想在书中提出一些宏大的问题：

- ◎ 人工智能时代对人类意味着什么？
- ◎ 人类进化到这个阶段，应以何种新的，也许是更好的方式来表达人性？
- ◎ 我们能否避免因科技而相互疏远或丧失人性，甚至成为自动化的牺牲品，并做到重拾人性，展示最善良的一面？

---

[1] 古希腊哲学家，是希腊（雅典）哲学的创始人之一。——译者注（如无特殊说明，以下均为译者注）

[2] 以大量科研为基础的、基于证据的研究方式。

鉴于人工智能仍在不断进化当中，这些问题还没有答案，但我们可以去尝试回答这些问题，去反思目前在人类与人工智能互动过程中所看到的东西。

人不可能在镜子中看到自己衰老的全过程，但在某一天，你会突然在一张老照片上看到自己容颜已改。如果我们纠结未来，就可能忽视当下。人们对未来科技的推测已数不胜数，与其多一种推测，不如关注当下，思考我们的科技发展到了哪个阶段，以及我们是如何发展到这个阶段的。顺便一说，这也是我们了解或至少反思人类未来发展方向的最佳方式。如果我们不喜欢现在的情况，至少有动力去改变它。

本书篇幅不大，但我也耗费了时间、精力和专注力，而这些都是极其宝贵和稀缺的资源。后文也将阐明原因。

AI 时代人性的弱点

I, HUMAN

I, HUMAN

AI, AUTOMATION AND THE QUEST TO
RECLAIM WHAT MAKES US UNIQUE

第 1 章

人工智能时代的我们

按照解剖学的普遍观点，现代人类已经存在了大约 30 万年，在这漫长的时间长河中，人类其实没有改变太多：人工智能的先驱者与历史上那些发明农业或取得重大创新突破的先祖们在生物特征上并无太大差异。

　　人类中的佼佼者，比如安格拉·默克尔（Angela Merkel）、碧昂斯（Beyoncé）、杰夫·贝佐斯（Jeff Bezos）和我（希望大家不会觉得我这是在自夸），与黑猩猩的基因相似度仍高达 99% 左右。

　　人类的欲望和需求也没有改变太多，只是随着时间的推移，这些欲望和需求的表现方式可能有所变化。

　　人类克服重重困难，不断进化，从原始采猎工具的使用者转变成航天火箭、比特币和核酸疫苗的发明者，并在此过程中创造出各种形态的社会、帝国和文明，还发明了 Snapchat

软件[①] 和自拍杆这种能够表达人性的新玩意儿。

从宏观角度来看，人工智能只是一种微不足道的计算机代码，它让人类的任务变得更具可预测性。不过，历史经验告诉我们，即使某项技术创新平凡无奇，只要推广开来，也会产生巨大的心理影响。因为在人类的生物特征没有发生重大变化的情况下，许多科技发明改变了我们的行事方式。威尔·杜兰特（Will Durant）和艾丽尔·杜兰特（Ariel Durant）在《历史的教训》（*The Lessons of History*）中写道：

> 自有史以来，人类的进化一直体现在社会层面，而非生物层面：进化的推动力不是来自物种的遗传性变异，而主要来自经济、政治、智力和伦理道德的创新，再通过模仿、习俗和教育，将这些创新传给个体，并一代代地传递下去。

下面，我们举几个人类社会创新的例子：

◎ 经济领域：股票市场、衍生品交易、大经济体和非

---

① 一款"阅后即焚"照片分享应用程序，用户可以拍照、录制视频、添加文字和图画，并发送给自己的好友。

同质化代币[①]（NFT）；

◎ 政治领域：共产主义、法西斯主义、自由民主制和国家资本主义；

◎ 智力领域：相对论、巴赫的"十二平均律"、谷歌搜索引擎和歌曲识别软件；

◎ 道德领域：各种宗教、人文主义、家庭观念以及我们自视清高的思想。

人类将何去何从？这取决于我们自己。人有善有恶，或善恶兼之，随着人工智能时代的发展，我们必须找到新的方式来表达人性。

迄今为止，人工智能最重要的能力不是它能够复制或超越人类智能，而是对人类智能产生影响。这种影响不是通过人工智能的固有能力，而是通过我们所建立的数字生态系统实现的。数字生态系统之于元宇宙，好比拨号网络之于无线网络，它使人工智能变得无处不在，深刻地影响着人类行为。

变化是人工智能时代的显著特征，也是人工智能时代成为人类进化史上一个重要阶段的原因。这种变化有三大推动因素：

---

① 具有不可分割、不可替代、独一无二等特点。理论上来说，NFT 可以是任何数字化的东西：声音、图像、一段文字、一件游戏里的道具、房屋等不动产或其他的实物资产等，其应用范围取决于人们的想象力。

高度互联的世界、人的数据化以及利润丰厚的预测性产业。在后续章节中，我将深入探讨这些推动因素。

最深刻、最私密的想法以及罪恶的快感都成了数据

如果有人说我们生活在一个高度互联的世界里，我们肯定会觉得陈词滥调，这就像在说"当前机遇前所未有"、"未来充满不确定性"或者"公司最大的资产就是员工"。不过，世界确实从未像今天这样高度互联，这是不争的事实，也是我们这个时代的主要特征之一。

与以往任何时候相比，我们的生活更加紧密相连，而且这种趋势有增无减。若非与世隔绝，我们很难不与他人产生联系或不接受各种信息的轰炸。现在，我们更容易与陌生人交流、结识新朋友、与刚认识的陌生人约会或闪婚，以及跟其他人保持深层次的心理联系……无论他们是谁、在哪里和相互是否见过面。

尽管我们已经如此高度相连，但我们当前的行为只是在迎合天生的欲望而已。从心理学角度来看，事物的变化其实没有那么大。

例如，我们每点击一次"刷新"键，就是为了证明自身的价值和验证自己的声誉，或者回答一个深刻的心理问题，即：

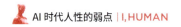

我们为何存在于这个世界以及生命的意义是什么?

比如说,

◎ 现在正在发生什么事情?

◎ 别人怎么看我?

◎ 我的朋友在做什么?

◎ 我的生活过得怎样?

早在几千年前,我们的祖先就探讨过这些基本问题,而他们跟我们的唯一区别就是他们没有智能手机,也没有太多时间投入这些自我沉迷的、有些神经质的思考中。

如果 20 世纪 50 年代的一名普通人穿越到我们这个时代,他会看到什么?会看到电影《回到未来》(*Back to the Future*)的那种情节吗?与电影主角马蒂·麦克弗莱(Marty McFly)不同的是,他不会看到仿生 X 射线视觉植入物或自动系鞋带的鞋子,而是会想:大家明明知道算法正在悄无声息地控制着自己,为何仍然目不转睛地盯着移动设备?又或者,为什么我们以前所未有的程度过分展示自我,主动跟别人分享我们对任何事情的观点和消息?我们这样做并非出于明显的理由,而仅仅是因为我们能够这样做。

我估计这位穿越者很难适应我们的生活方式。不过只要给他一部智能手机，把手机使用方法告诉他，一切难题就会迎刃而解。也许他也会感到失望吧。借用特立独行的创业者彼得·蒂尔[①]（Peter Thiel）说过的一句名言："说好了未来科技是会飞的汽车，结果却是发一条推特不可以超过 140 个字符。"

我们极度渴望与别人建立联系，正因如此，我们完全沉浸在自己创造的高度互联的数字化宇宙中，而这也是数字化宇宙存在的主要原因——它迎合了人类最原始的需求。这些需求在很大程度上构成了高度互联世界存在的基础，也构成了人类生活的主干。

与他人建立联系、与他人竞争以及发现或理解活在这个世界上的意义，这三个基本需求有助于我们理解人们日常使用人工智能的主要动机。

首先，人工智能满足了我们的"关联需求"。

人工智能可以满足我们与他人建立联系、和睦相处的渴望。我们想扩宽和加深自己的人际关系，并与朋友

① 1998 年创办贝宝支付（PayPal）并担任 CEO，2002 年将 PayPal 以 15 亿美元出售给 eBay，把电子商务带向新纪元。蒂尔也是国际象棋天才，12 岁时就在全美排名第七。

们保持联系。我们把社交媒体平台称为"社交网络"是有原因的。用这个术语来描述亲朋好友和社会关系所组成的网络，其实代表着我们手中最基础的社会资本。

其次，人工智能可视作人类为提高生产力、效率以及生活水平的一种尝试。

所有这些都是为了满足我们对竞争力的需求。诚然，我们可以且应该剖析该目标是否已经达成，但我们的目的永远是以更少付出得到更多回报、提高工作产出和效率并显著地增加消费（这就是资源的积累过程）。

最后，我们借助人工智能来探寻人生价值。

我们会把信息转化为深刻见解，帮助自己理解这捉摸不定的复杂世界。我们今天所获得的大部分事实、观点和知识，无论其好坏，都经过了人工智能的策划、组织和过滤，因此，人工智能既能向我们提供有用信息，也能误导我们。

现在很多大公司创造出虚拟平台，让我们可以表达和满足普遍需求。以脸书（Facebook，2021 年 10 月 29 日改名为 Meta）、领英（LinkedIn）、抖音（TikTok）或其他流行的社交媒体应用软件为例，它们可以让我们与他人产生联系，即"关联性"。不管我们在现实生活中是否与某人有着亲密关系，这些平台都可为人们的私人生活和社会公共生活创造出某种根据需求变化的心理亲近度。

社交媒体还让我们得以炫耀自己，推动职业生涯发展，展现我们的品性和地位，并展示我们的信心、能力和成功程度，即"竞争力"。不尽明显但同样重要的是，我们可以用主流社交媒体软件来满足我们对意义的构建，即对"人生意义"的渴望，因为它可以帮我们在人们不断扩大的公众声誉和不断缩小的私人生活中找出谁在什么时候做什么，以及他们这样做的原因。

数十年的科学研究表明，我们都是"天真的心理学家"或者"业余的人性探索者"，而两者的共同特征就是总想理解他人的行为。人类成为高度社会化群体性物种后，就痴迷于理解或试图解读别人所做的事情及其原因，而恰恰是这种痴迷，推动了人工智能在社交网络平台上的广泛应用——无论我们是否意识到了这点。现在，这些平台已经成为人工智能的主要栖息地。

这些深层次的心理功能存在于我们高度互联的世界里。新冠疫情期间，这点愈发清晰：科技不仅能让我们保持生产力，也能让我们在身体被隔离的极端情况下，仍保持社交和情感层面的联系。对很多工业化国家的民众，尤其是对知识工作者来说，这就会增加原本就很长的屏幕使用时间。我们用Zoom① 视频会议软件和朋友一起在线上工作、喝酒，都忘记了办公室存在的理由。

在这个充满不确定性和混乱的时代，数字化的高度互联赋予我们获取知识的工具，还让我们能够使用音乐库和播客，与那些自封的"专家"和真正的专家探讨新冠疫情，并浏览世界上任何一部重要的文学作品。

那么问题来了：我们是否很久没有真正地与现实世界中的其他人或事物建立联系了？

确实不多。我们把自己变成了"人类可穿戴设备"：通过智能手表、智能指环、语音助手和智能助手的传感器，不停地将自己与手机相连，同时耐心地将自己的记忆、幻想和意识上传到云中。在相对较短的时间内，我们迅速从互联网过渡到物联网，而现在又出现了新的概念——"人－物网"（you of things）。

这个概念把我们的身体视为有感知能力的巨型数字化网络的一部分，我们退化到与智能电视和智能冰箱同等的地位。我们自身已大部分退化成数字化片段，成为很多设备的一部分，所以这些设备可以将我们与其他人，以及整个世界相连。很难不赞同

① 一款专业的视频会议软件。——编者注

尤瓦尔·赫拉利[1]（Yuval Harari）提出的一个假设，即"我们正成为一个没人能真正理解的巨大数据处理系统中的微小芯片"。

> ● I, HUMAN ○
>
> 我们越来越像庄稼地或农田，与我们相关的数据就是被收割的"农作物"，其价值在于它能够影响或改变我们的信念、情感和行为。

有人说，人工智能把人类变成了科技公司的产品，但上面这句诺贝尔文学奖得主石黑一雄（Kazuo Ishiguro）的描述实则更为准确。

可以说，如今与 20 年前相比，最大的变化就是我们持续产生大量数据，直到把每一种可能发生的人类行为转化成数字信号为止。我们现在不仅仅是实体生物，也是虚拟生物，把自己变成云代码，以虚拟记录的形式获得第二生命，并存储在巨大的数据库中。

算法已经可以通过数据了解我们的一切，因为反映我们日

---

[1] 牛津大学历史学博士，青年怪才，全球瞩目的新锐历史学家，《未来简史》《人类简史》作者。

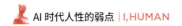

常习惯的行为基因、最深刻和最私密的想法以及罪恶的快感已化为大量数据。科学研究表明，人工智能比我们的朋友甚至我们自己更能精准地判断我们的个性。考虑到算法的强大，这个结果并不令人感到惊讶。

人类：一场大规模心理学实验的对象

我们渴望了解世界，预测人类行为，这个推动力构成了当前人工智能时代的大部分基础。人工智能存在的前提和前景是尽可能多地收集人类数据，把人类都变成一场大规模心理学实验的对象。

20 年前，我为博士论文进行研究实验。我要把受试者强行拉进测试隔间，乞求他们完成某项心理评估。 我不仅要给他们支付报酬，收集 50 个受试者的数据还要花数月时间。如今，我们有了更多关于人类及其各方面行为的数据，这些数据简直多得分析不过来。就算不再收集数据，我们也要花 100 年的时间分析现有数据，但也只是触及冰山一角而已。我们做的所有事情几乎都是为数据库添砖加瓦，推动人工智能的发展。

需要说明的是，数据的增多并不意味着人类行为变得更具可预测性。数据只是人类活动和行为的产物，而非动机。然而，正是那些用来让我们产生更多数据的平台和工具，非常善于将我们的主要活动模式标准化，激励我们以更可预测和可重复的方式行事。脸书或微博就是一个允许相对大量互动和各种人际活动的平台，不妨回想一下，它是如何对我们可表现的反应或行为范围加以限制的？

当然，我们可以用随意的甚至创意性的文字来表达我们的看法。但我们在对自己所看到的东西作出反应时，如果点赞、分享或使用表情符号会更容易些，我们就会集中精力，为照片中的人物打标签，给故事中的其他人加标识符，把种类繁多的信息编码成高度结构化和标准化的数据，为人工智能提供明确指令……我们不仅成为机器学习算法的无偿管理者，还成为它们的研究对象，尽管是以一种简化和重复的形式。

数十项科学研究表明，脸书上的点赞和其他强制性二选一的表达形式准确地预测了我们的个性和价值观。不妨把点赞想象成汽车保险杠贴纸和叛逆少年的 T 恤或文身。人类为自己的身份而自豪，因此，他们享受任何能与别人分享自己看法、信仰和观点的机会。

他们之所以乐此不疲，部分原因是为了划定界线，区别哪些是自己圈子的"圈内人"和"圈外人"。如果我们看到一辆车的保险杠贴纸写着"潮流杀手"，而另一辆的贴纸写着"保持冷静，吃素食"，那就可以认为这两辆车的司机个性相差很大。这不是偏见，而是一种社交洞察力。

这点在推特上表现得更为明显。推特可通过持续挖掘各种输入数据，即推文的内容和上下文来预测转发内容，而且无论我们是否看过或处理过这些信息。推特推出了"转发前先阅读"功能，鼓励用户进行负责任的分享，那它推出的下一个功能会不会是"写前先思考"？人们常指责推特的算法增强了"回音室效应"，那只是因为这些算法经过训练，用来预测我们优先关注的事物，即符合我们的观点和看法的东西。我们夸大了自我，把自己的思想变得更加狭隘，而不是变得更加开明。

在众多科技巨头当中，脸书以一心一意发展数据而著称，这也是它在 2014 年斥资 190 亿美元收购 WhatsApp[①] 的原因。当时，WhatsApp 只有 55 名员工，营收不超过 1000 万美元，亏损却高达 1.38 亿美元，2013 年的估值为 15 亿美元。正如拉里·萨默斯[②]（Larry Summers）在罗特曼管理学院（Rotman School of Management）的一堂研讨课上指出的那样，"WhatsApp 的所有东西，包括它的所有员工、电脑和创意，都可以用作这堂课的讨论素材，甚至还能给其他课留点素材"。

---

① 一款用于智能手机之间通信的应用程序。——编者注
② 美国经济学家，曾任美国财政部长、哈佛大学校长、美国国家经济委员会主任，1993 年获约翰·贝茨·克拉克奖。

这番话清晰地描绘了数字经济的崭新现实，但萨默斯忘记提一件事：WhatsApp 最具价值的东西并不适用于那堂研讨课，因为这个最具价值的东西是它手里的大量数据和世界各地每天孜孜不倦生成更多数据的所有用户。

WhatsApp 被脸书收购时，号称拥有 4.5 亿用户，如今这个数字已经超过了 20 亿。脸书本身拥有 28 亿用户，他们平均每天使用脸书的时间约为 2 小时 24 分钟，而在 WhatsApp 上又额外贡献了 30 分钟。WhatsApp 宣称其拥有 60% 的全球互联网用户，在全球 195 个国家的 180 个即时通信应用软件中排名第一。

2021 年，脸书把 WhatsApp 和脸书的数据合二为一，以加深对用户的了解，实现人的数据化。

人们在全球排名第一的社交媒体平台上所做的一切，以及他们在全球排名第一的即时通信及免费通话应用程序上所说的一切，还有他们在照片墙（Instagram）留下的足迹，这三者合为一体，形成了一股强大的力量。

人的数据化使奈飞公司从备受追捧的电影推荐网站摇身一变成为风靡一时的内容创作商，还让 Spotify 的人工智能教人类艺术家创作更受欢迎的歌曲，与他们分享 Spotify 对消费者的看法，并教他们如何识别现有观众和潜在观众喜欢和不喜欢哪些歌曲。在不久的将来，人工智能在音乐创作方面所取得的进步可能会使 Spotify 实现部分创作的自动化，就像自动驾驶汽车的出现使得优步（Uber）实现了驾驶的自动化一样。

> 优步司机目前有两份工作：
>
> 第一份工作是将客户从 A 地送到 B 地（这是司机的正式工作）；
>
> 第二份工作则是教人工智能如何在没有人类司机的情况下完成这项任务（这份非正式工作为连续亏损的优步带来了 240 亿美元的市场估值）。

以此类推，我们的未来也许是这样的：Spotify 的人工智能通过学习，学会了直接根据你的偏好来创作音乐，而不仅仅是辅助你。结果，爱莉安娜·格兰德（Ariana Grande）和贾斯汀·比伯（Justin Bieber）这两位在 Spotify 上最受欢迎的艺人顿时变成了过气歌手。至于这种想象出来的科技进步是否象征着艺术的进步，就由各位读者自行决定吧。

大中型人工智能公司提供的很多服务都是免费的，我们不必花钱来使用这些服务。但投资者之所以看重它们，是因为他们觉得这些公司获取、分析和出售的数据很重要。从根本上讲，科技公司用那些记录了我们一切活动的数字化信息来说服别人，尤其是金融分析师、投资者和市场，表明它们对消费者有着准确的了解，包括我们的独特个性。拥有大量数据的公司和任何信誓旦旦使用人工智能来预测人类行为的公司都估值过高。

你的每一个想法都是人工智能赚钱的手段

人工智能被描述为"预测机器"，这个说法很恰当，因为就是通过算法预测事件来体现其"智能"，而预测又会让我们自身的决策变得更加智能。如果说数据推动了数字革命，那么数据的价值就在于它能够以全新的细致度、规模、标准化和自动化水平来破译人类行为。人工智能可以将数据转化为见解——人类历史上还找不到比这利润更高的行业。根据普华永道①（PWC）的数据，到 2030 年，人工智能将为全球经济贡献 15.7 万亿美元，使 GDP 增长 26%。

这种新的经济秩序之所以能够出现，是因为大量的大数据与更便宜、更快的计算能力相结合，数据得以拆解，以有益于商业发展的方式塑造人类活动。目前，商业化的消费者数据主要用于营销目的，比如定向广告。谷歌的人工智能更能说服客户购买公司产品，因为它对客户需求的了解极其精准。所以，

① 跨国会计专业服务机构，与德勤、毕马威、安永并称为"世界四大会计师事务所"。

字母表（Alphabet）80% 的营收，即 1 470 亿美元仍来自在线广告。同样地，拥有脸书、Instagram 和 WhatsApp 等子公司的科技巨头 Meta 大量获取广泛的消费者行为数据，再根据世界各地客户的需求、愿望和习惯，利用人工智能来定制和销售极具针对性的内容和个性化广告。

形成这种新经济秩序的另一个潜在原因是我们无可避免地花大量时间上网，而且人类的一个重要特点：以一致和可预测的方式行事，导致我们的独特习惯和日常行为都有明确的、可识别的模式。

尽管我们不愿意承认这点，但这种模式确实存在，它是某种个性化的特质，包括你的每一个想法、价值观和创意，而人工智能把它变成了赚钱的手段。你可以随意查看某人的网页浏览记录来弄清楚他的很多事情（除非他删除这些记录），算法也相当擅长挖掘我们的生活信息并预测我们接下来要做的事情，而且它们越来越擅长这种事。就在十几年前，塔吉特百货公司（Target）的人工智能根据一位女顾客的购物模式认定她已经怀孕了，而她此时甚至还未决定是否与朋友和家人分享自己怀孕的消息，这一切就像电视剧《黑镜》①（*Black Mirror*）某集内容那般令人毛骨悚然。现在，我们很清楚算法了解或可能了解

① 反映近未来黑科技的科幻剧，风格暗黑讽刺。

人类。每当谈起人工智能，我们总有后背发凉的感觉，而这种感觉已成为新常态。

人工智能分析我们的一举一动，并把影响消费者购物行为的方法以高价出售给各品牌和营销人员。实际上，**人工智能出售的是人类的未来。它从我们生成的所有数据中获得"行为盈余"，然后赋予其新价值。**我们的选择和偏好是为了以快速、低成本、可预测和有效的方式优化我们的日常需求，而所有数据就是源于我们的选择和偏好。人工智能的做法也许情有可原，但遗憾的是，我们在这个过程中变得不那么有趣和有创造性。

即使人工智能的目标不是把人类变得自动化，但它似乎正在把我们变成自动化系统。现在，商业化的消费者数据流入了很多领域，比如人寿保险、职业成功学、医疗保健以及婚恋市场。想象一下，如果你乘出租车时对司机态度粗鲁，去餐厅吃饭时忘记给服务员小费或取消预订，又或者开车时闯了红灯，你的信誉度就会自动降低，导致你无法获得房贷、信用卡或工作。

婚恋市场也靠预测业务赚取了丰厚利润。以 Match Group 公司为例，该公司拥有全球知名的约会网站，包括 Tinder、OKCupid、Hinge、Plenty of Fish 以及 Match.com。

它开发的聊天机器人"拉拉"（Lara）与全球用户互动，尽可能多地收集他们的婚恋偏好的数据，然后吸引用户观看广告，为其数字恋爱冒险之旅掏腰包，尤其是在他们不愿意花钱订阅服务的情况下。

再看领英，该公司向招聘人员提供包月会员服务，这样招聘人员就可以查阅应聘者个人网络中没有出现的技能、简历和背景数据。这些信息是免费的，领英会员主动提供这些信息，而他们这样做的部分原因是为了得到一份更理想的工作。据领英估计，其 7.75 亿会员中，至少有 70% 的会员愿意免费提供个人信息。还有部分会员这样做是为了吸引客户、给朋友和同事留下深刻印象、利用媒体宣传自己，或仅仅为了看新闻。

肖莎娜·朱伯夫[1]（Shoshana Zuboff）写过一本了不起的书，她在书中称利润丰厚的预测行业是"监视资本主义"，这是"一种新的经济秩序，把人类的经验当作免费原材料，用于不可告人的商业活动，比如提取、预测和出售数据"，以及"一种寄生虫式的经济逻辑，按照这种逻辑，商品和服务的生产从属于

---

[1] 哈佛商学院教授，著有《监视资本主义》（*The Age of Surveillance Capitalism*）。

一个新的全球化行为矫正体系"。朱伯夫对人工智能时代的尖锐批评说明了人们为何害怕大型科技公司的力量，以及类似《监视资本主义：智能陷阱》（*The Social Dilemma*）这样的纪录片为何令人感到震惊。在该纪录片中，曾供职于脸书的一些员工把隐藏于算法背后的种种见利忘义、阴险狡诈的操纵策略和盘托出，包括推出一些令人上瘾的游戏功能、心理暗示、解码以及塑造用户行为等。

你可能没有体验过这种奥威尔式[①]（Orwellian）的生活，但这恰恰说明了脸书的沉浸式虚拟现实魅力极大，它把自身伪装成一种正常的生活方式，成功地把我们变成永恒的数字交易记录，供后世的人工智能使用。正所谓"鱼游水中而不知水为何物"，人类与人工智能的之间关系也是如此。

因此，至少就目前而言，与其说人工智能是一种模仿或超越人类智能的功能，倒不如说它塑造了我们思考、学习和决策的方式。通过这种方式，人工智能实现了它重塑事物的目标，就像一位绘画大师摆弄着他要画的物体。就像你想临摹一幅画，为了使临摹的作品更贴近原作，你简化了画中物体，这就让你的临摹更容易完成。

生活中，我们往往会按人工智能的核心原则做事情，换

---

① 指极权的或受严格统治而失去人性的。

言之，我们不仅用过去的数据预测未来，还用它来决定未来。当我们购买亚马逊推荐的产品、看奈飞推荐的电影或者听Spotify为我们推荐的曲目时，我们都在用数据改变我们的生活，这符合算法规则，即消除同类型人群之间的行为差异，使我们的生活变得更具可预测性，从而提高科技公司的估值。

预测的效果可以通过两种不同方式加以改进：要么算法变得更智能化，要么人类变得"更蠢"。如果采用后一种方式，则意味着我们以不同方式应对问题、控制应激反应或以一种服从权威的、自我控制的方式行事的能力在下降。我们上网度过的每一分钟都是为了规范我们的行为，让我们变得更可预测。

最初一波新冠疫情暴发时，人与人之间的物理互联被高度数字化互联所取代，大型科技公司也从中大赚一笔。光是在2020年，苹果、微软、亚马逊和脸书等7家最大的科技公司的总市值就增长了3.4万亿美元。全球各地的实体店迎来倒闭潮，亚马逊仅在一个季度内的营收就增长了40%，而全球最大的云平台Web Services也出现了类似的增长，因为数量空前的实体企业被迫转向虚拟业务。

2020年，美国民众在新冠疫情期间的网上购物支出增加了44%，一年内的增长速度超过了此前整整10年。当然，实体商店被迫关闭，导致消费者只能选择在网上购物，所以网上零售的增长是直观的。但一个更大的转变是人们面对面的互动完全停止了，所有形式的接触、通信和交流都转到了云端。在不到两年时间里，涉及共享虚拟空间的"元宇宙"取代了我们的物理世界，原本遥不可及的数字乌托邦变成了不可避免、迫在眉睫的现实。疫情导致很多人离世、生病、失去工作或公司倒闭，大多数企业也遭受了重大打击，但越来越多人增加了在线消费额，富有的科技公司变得更加富裕，还拥有更多消费者数据。

据《经济学人》（Economist）报道，数据应用如今已成为全球规模最大的行业。

2021 年 5 月，苹果、亚马逊、微软、Alphabet 和脸书这五大科技巨头在标普指数（S&P）中所占比例从上年同期的 15.8% 上升到近 25%；5 家公司的总市值超过了 8 万亿美元，比标普指数中规模最小的 300 家公司的市值总和还要多。

从这个角度来看，世界上几大经济体的国内生产总值（GDP）分别为：美国，20.5 万亿美元；中国，13.4 万亿美元；日本，4.9 万亿美元；德国，4 万亿美元；英国，2.8 万亿美元。

大型科技公司的天文数字估值主要源自这些公司手里可用的预测数据。消费者没有给这些公司提供任何数据的可能性大约为 0。同理，随着疫情得到控制和各地逐渐解封，世界大部分地区恢复了线下或实体活动，这些大型科技公司的估值减少了 1 万亿美元以上。

这些估值基于这样一种观念：在人工智能时代，拥有大量数据的科技公司能更好地理解我们，而且这种更深层次的理解能够帮助他们大规模地改变、影响和操纵人类行为。但实际上我们夸大了人工智能真正理解我们的能力。毕竟那些通过大数据算法定位目标人群的广告很少能产生令人惊叹的效果。它们通常无法形成令人兴奋的深刻见解，难以激发消费者最深层次的偏好。这些广告看起来要么怪异离奇，要么粗制滥造，比如有些广告展示的是一双我们已经买过的帆布鞋或是我们已经决定不再预订的度假酒店，但这些广告仍然不断出现，我们只能硬着头皮看完。

到目前为止，人工智能的主要成就是减少了人类生活中的一些不确定性，让各种事物变得更容易预测，并在那些总被视为充满偶然性的领域传递一种确定感。但当我们自发地对人工智能作出反应时，我们不仅为它提高预测准确性出了一份力，也逐渐湮灭了人性，让我们这个物种变得更加公式化。

被释放的人性之恶

两位最著名的启蒙哲学家，让-雅克·卢梭（Jean-Jacques Rousseau）和托马斯·霍布斯（Thomas Hobbes）曾思考过这样一个问题：

人类是天生善良，在变文明的过程中逐渐变坏的，还是天生堕落，但因堕落而变得"文明"？

问题的关键在于，

人类到底是本性善良，但社会摧毁了人性（卢梭的观点），还是从一开始就一无是处和邪恶，只不过社会在以某种方式驯化我们，以补救人性的恶（霍布斯的观点）？

大多数与人类行为相关的问题都会给出非此即彼的选项，这个问题也不例外。我们的答案是肯定的，或者"两者兼而有之"。人类是独特且复杂的生物，所以我们用多种方式与社会（包括科技）互动。我们与人工智能的关系也不例外。有时候，人工智能是我们自身性格、性情和本性的放大镜；有时候，它又是个抑制器。而我们与人工智能共存的数字生态系统，比如社交媒体平台，则能够展示我们的文化身份、规范和传统。

可以看到，我们在与人工智能的互动中，促使我们做出某个行为的心理，其实表现了我们某种根深蒂固的文化特征。一直以来，人类的规范化行为都是由文化差异界定的，比如"我们这里的人是这样做事的"。当然，我们看似注入了人工智能元素的新习惯正逐渐消解一些文化差异，只是它现在最多只在程度上与人类过往的典型做法有差异。

文化可以由任何社会传导的行为规范或礼仪构成，这些规范会让某个群体的人显得很独特，比如星巴克的员工、加拿大公民、波特兰市的嬉皮士和来自威廉斯堡市的哈西德派犹太人（Hasidic Jews），还有 IBM 公司经理、非法移民、20 世纪 90 年代的雅皮士等。正因如此，意大利人往往比芬兰人更外向、更好交际，但当意大利人和芬兰人都使用社交媒体时，这个区别就没那么明显。

社交媒体犹如数字化的文化遗产抑制器，促使所有人像意大利人那样主动地与别人分享自己的想法、喜好和情感，即便他们实际上过着内向的宅男生活。十年前，《连线》（Wired）杂志前编辑弗兰克·罗斯（Frank Rose）指出，我们当前的世界基本上是 20 世纪 80 年代日本御宅族（Otaku）文化的注脚。御宅族文化是一种亚文化，让青少年逃避现实世界，生活在一个由人们幻想出来的漫画或动漫角色构成的世界里，并沉浸在自己与虚构人物之间的游戏化关系当中。

适应力与非适应力、美德与恶行，说它们取决于普世价值体系或主观的道德习俗，不如说取决于它们在特定时间点对人的影响。自人类诞生以来，每一种习惯或行为模式都已储藏在我们丰富的行为当中。但我们表达出来的东西是好是坏，只能根据其个人和集体的结果来判断。正如威尔·杜兰特所说，"每种恶行曾经都是一种美德，它可能再次变得受人尊重，就像仇恨在战争中变得受人尊重一样"。

● I, HUMAN ○

　　除了用矛盾心理去接受人类行为的模糊性和人性的复杂性之外，我们没有其他方法去评判自己。

在我们这个时代，有很多行为会被谴责，比如久坐不动、过量摄入快餐食品而引发肥胖、强迫性智能手机成瘾和过度使用屏幕造成的注意力缺陷与多动障碍（ADHD）等。这些问题可能是因为人类古老的适应力无法匹配当下的挑战导致的，这些挑战让古老的适应力变得过时，甚至产生适得其反的结果。

在食物极度短缺的时期，贪婪可能是一种美德，它迫使人类心无旁骛地积累资源，为生存下来而优化生活；但当食物充足、资源丰富时，自我克制取代了贪婪，成为一种美德，贪婪则是孕育着自我毁灭的种子。同理，在重视学习、常识和思想开明的团体或社会中，好奇心也许是一种美德，但在探索不同环境时，好奇心可能就会成为一大祸根，因为它会危及我们的安全或分散我们的注意力，以至于让我们降低专注程度和工作效率。

人类行为"恶"的一面是指在面对当前环境所带来的特定适应性挑战时，我们觉得不可取的、有害的、适得其反的或反社会的行为。简而言之，<u>人工智能之"恶"就是人类在人工智能时代的"恶"</u>，因为人工智能和所有有影响力的新技术一样，不仅能够揭示，而且能够放大那些人类不好的品质，比如冲动、分心、自欺、自恋、呆板乏味、懒惰或片面等本性。当我们指责人工智能等新科技导致人类堕落、道德败坏或面目可憎时，就说明我们长久以来的适应性倾向或秉性与新的环境挑战之间出现了脱节。如今，人工智能就是我们面临的主要挑战。

人工智能暴露并放大了我们性格中的一些缺陷，而本书探讨的正是人工智能如何做到这点。你可以把这些缺陷视为自动化时代到来前人类的原罪。如果我们想重拾人性，并提醒自己记住人类作为一个物种所拥有的"特殊地位"，那就必须学会控制我们的不适性倾向，重新探索人类特有的品质。

从这个意义上讲，人工智能最重要的东西不是人工智能本身，更不是它的"智能"，而是它重塑我们生活方式的能力，尤其是它能加剧人类某些行为的能力，它将这些行为转化成不良或有问题的倾向。

无论科技以何种速度进步，也不管机器以多快的速度获得类似于智能的东西，我们作为一个本身拥有智能的物种，都正表现出一些最不可取的性格特征，即使按我们的最低标准来看也是如此。我们最应该担心的是人工智能时代的这一场景：人工智能非但没能实现人类的自动化，反而让人性退化或恶化了。

AI 时代人性的弱点

I, HUMAN

I, HUMAN

AI, AUTOMATION AND THE QUEST TO
RECLAIM WHAT MAKES US UNIQUE

第 2 章

无法集中的注意力

2020 年 10 月 7 日，下午 5 点 03 分。我坐在位于布鲁克林的家庭办公室里，面前有三块屏幕，每块屏幕上至少开着七个应用程序。我不想因家里的事情分心（疫情封城期间，孩子待在家里会干扰我的工作），所以我戴着降噪耳机，听着 Spotify 里的歌曲，以此忽略所有背景噪声。然而，在 Zoom 上跟我开会的人就没那么幸运了。因为我用的是高保真麦克风，这种麦克风对声音非常敏感，所以他们比我更能清楚地听到我孩子的吵闹声和家里的嘈杂声。

每当写书时，我就会在音乐播放列表中添加不同歌曲，并把这些歌曲分享给朋友。他们在 WhatsApp 上评论我分享的歌曲，也分享他们自己的音乐。在这个过程中，我们浏览世界上各种新闻，以及一些没营养的八卦。

与此同时，我的不同邮箱也发出各自的提示声，提醒我有新的电子邮件，这些声音让我感到烦躁。我在有增无减的待办事项和混乱的日程表之间反复切换，日程表提醒我明天凌晨四点半早起，因为我要在新加坡举行的一场远程会议上发言……

面对所有这些信息交流和干扰，我感觉自己的身体就像一只容器，里面有一个不断产生数字记录的、涣散的分裂型思维，将大脑活动编译成一系列由 0 和 1 组成的代码，用来满足人工智能贪婪的胃口。

现在是 2021 年 12 月 29 日上午 10 点 36 分。我在罗马，同样在这台电脑、各种设备和更多应用程序之间轮流切换，本就不集中的注意力更加分散。实话说，这本书能够付梓简直就是个奇迹。值得庆幸的是，我写的书并不像普鲁斯特（Proust）的《追忆似水年华》①（*In Search of Lost Time*）那么长。尽管那本书的书名相当适合我们这个年龄段的人，但篇幅足足有 4 215 页。

史诗级的注意力争夺战

几十年前，心理学家、诺贝尔奖得主赫伯特·西蒙（Herbert Simon）率先提出了一个观点：人类一直在与信息过载作斗争，

---

① 法国著名文学作品，被公认为文学创作的一次新的尝试，开意识流写作先河。小说以回忆的形式对往事作了回顾，有童年的回忆、家庭生活、初恋与失恋，以及对历史事件的观察、对艺术的见解和对时空的认识等。

而我们每天遇到的"海量信息"造成了"注意力贫乏"。当事物变得稀缺的时候，我们对它们的重视程度会增加；事物变得过多时，其商品化和重要性就会下降，比如谷类食物品牌，电视频道和邮件箱里那些不请自来的、宣称"机会难得"的大量垃圾电子邮件。

作为一种分散注意力的工具，人工智能的普及是一种相对新颖的现象；相比之下，注意力经济学以及人类兴趣和偏好的商品化则有着更长的历史。

19 世纪印刷机的发明催生了注意力经济。出版商们竞相争夺读者的时间和注意力，加速了信息的传播。后来计算机面世，注意力经济又被带到了更高的水平。西蒙预测，随着信息以及记录和传播信息的技术呈指数级增长，人类对"注意力"这种有限资源的竞争将会加剧。按他的说法，"信息消耗了接受者的注意力，这是显而易见的事情"。

他五十年前的这番预言如今一语成谶。当我们交换信息时，贬值的不仅仅是信息，还有我们的注意力。

记得大约二十年前，我第一次去东京，当时我在地铁站里只逗留了几分钟，感官就遭到了各种各样的

"轰炸"。地铁站的每一寸空间被广告和公告占据着，通勤的乘客们用各种设备玩游戏、看电影。日本标志性的弹球室也是如此。时间快进到今天，无论我们走到哪里，都淹没在类似的感官刺激海洋中。

现在争夺注意力的斗争（仅仅是我们几秒钟的注意力）已经达到了史诗级水平，点击、点赞、查看和标签等数据驱动的指标让它更为剧烈，这些指标对提高人工智能理解和影响消费者的能力至关重要。注意力和数据是人工智能时代的两个关键要素。没有注意力，就没有数据，而没有数据，就没有人工智能。

注意力的量化以及人工智能将这些信息变为武器的能力造成了一种恶性循环：我们的注意力是稀缺的，而信息是丰富的，所以，争夺我们注意力的斗争加剧了。奈飞与推特竞争，推特与《纽约时报》（New York Times）竞争，《纽约时报》与Instagram 竞争。它们都在争夺我们宝贵的时间和更为宝贵的注意力。它们的算法渴望获取我们的注意力，它们的商业模型也依赖注意力，这使得我们的注意力极具价值，尤其是在算法消耗下，我们的注意力所剩无几。这还会导致更多的信息过载，从而进一步分散我们的注意力。

结果就是人类的注意力退化，产生类似注意力缺陷多动障碍的行为，比如过分好动、焦躁不安、快速厌倦以及冲动。当我们无法使用数码产品时，比如在地铁上通勤的 20 分钟或跨越大洋飞行的 6 个小时里，这些症状表现得尤为明显。近年来，越来越多乘客在飞机上使用无线网络，这些症状变得好似可有可无。

如果我们把互联网、社交媒体和人工智能描述为分散注意力的机器，那么我们可以做一个假设：我们注意这些令人分心的技术时，就很容易忽略生活本身。严格来说，我们更容易把生活视为一种真正分散注意力的东西。从统计学上讲，我们对数码产品和数字化信息的关注几乎已成为永恒不变的状态，而生活已沦为精神上的偶尔放松。

如今，全世界至少有 60% 的人在上网，发达国家的互联网用户平均花大约 40% 的非睡眠时间上网。然而，被动上网时间，即我们没有主动与数码设备互动的情况下，仍然与这些设备相连并释放数据的时间仍占据了我们非睡眠时间的很大一部分。

人们需要远离手机、电脑和可穿戴设备，才能真正地摆脱网瘾或过上一种完全不依赖网络的生活。就我个人而言，我甚至在睡觉时也不会断网，除非我的智能手表和智能指环耗尽了电量。如今，未量化的自我比量化的自我更难以捉摸。在极少数情况下，如果我们的注意力完全集中在某件网上无法找到的事情上，我们就很可能会去网上创建这件事的记录，就好像真实的生活不值得过一样。2019 年，苹果智能手表销量超过了整个瑞士手表行业的销量总和，而混合和远程工作模式的出现，也极大地推动了工作场所跟踪软件的销量，在接下来的三年里，预计将有 70% 的大公司采用这种软件。

> 人工智能被描述为"人类历史上最标准化、最集中化的注意力控制形式。注意力经济促使科技公司去设计那些能吸引我们注意力的技术。这样一来，它将人性中的冲动置于意图之上"。我们就像被人工智能催眠，被永无止境的信息流所控制，沉浸在分散我们注意力的数字深海中。

我们的精神比以往任何时候都涣散，与我们的肉身分离，一旦脱离了网络，我们人生便失去了焦点。这难免会影响我们认真思考重大社会问题和政治问题的能力，仿佛人工智能让我们的大脑昏昏欲睡似的。正如作家约翰·海利[1]（Johann Hari）

---

[1] 国际畅销书作家，著有《注意力危机》一书。其作品《追逐尖叫声》（Chasing the Scream）被拍成电影并获得奥斯卡奖提名。

所指出的那样："如果这个世界的民众被剥夺了注意力，在推特和 Snapchat 之间来回切换，那这个世界将会危机不断，而我们也无法应对其中任何一个危机。"

鸡尾酒会效应：我们的专注度不如想象中的高

科技是否对我们大脑产生显著影响？想看到这样的影响，现在还为时过早，但长期影响很可能会出现。尼古拉斯·卡尔（Nicholas Carr）在其著作《浅薄：互联网如何毒化了我们的大脑》（*The Shallows: What the Internet Is Doing to Our Brains*）中探讨了科技与文化之间的交集。他指出，人们反复接触在线媒体之后，其认知就从较深层次的知识处理过程，比如聚焦思维和批判性思维转向快速的机械性过程。

略读和跳读就是将神经活动从海马体（大脑负责深度思考的区域）转移到了前额叶皮层（大脑负责快速、潜意识处理的区域）。换句话说，我们在用速度换取准确性，并把冲动决策的重要性置于审慎判断之前。用卡尔的话说就是："互联网是一个注意力干扰系统。它之所以能引起我们的注意，是因为它只为了争夺我们的注意力。"

一些证据初步表明，我们已经可以看到和测量到科技对大脑产生的某些影响，比如学龄前儿童大量使用电子产品，会导致脑白质发生变化。据估计，62%的学生在课堂上使用社交媒体，而高达 50% 的上课分心行为源自社交媒体。大学生每天花在社交媒体网站上的时间达到了惊人的 8~10 个小时。而且上网时间与学习成绩呈逆相关。研究结果表明，学生使用脸书的频率越高，上课分心的程度越高，就越会降低学习成绩。该研究结果与上述预期相一致，完全在我们预料之中。

通知、信息、帖子、赞和其他人工智能驱动的反馈奖励操控了我们的注意力，创造出一种持续的高度警觉、注意力受干扰和分心的状态，这种状态能让我们产生显著的焦虑、压力和退缩心态。这点在年轻人群中尤为明显，因为他们正处于智力和身份认同感的发展过程中，需要得到他人的认可和反馈。

此外，当我们的注意力被人工智能干扰时，我们往往更依赖直观的或试探式的决策，比如触发我们的偏见、刻板印象和成见，所有这些都容易让人的思想变得更加狭隘，缺乏包容心。想保持开放的心态，你就要主动寻找与自身态度截然相反的信息，如果你稍有不慎，完全被人工智能算法摆布，那就很难做到这点，可能性都会小很多。

确凿的科学证据表明，如果让年轻人移开对社交媒体的注意力，会给他们造成压力，就像阻止有烟瘾或酒瘾的人抽烟喝酒一样。事实上，人们的注意力控制水平如此之低，是因为他们太过焦虑，而人工智能带来的广泛的数字干扰又会对我们控制注意力构成威胁，你越控制不了注意力，你的学习能力就越会受到数字干扰的损害。因此，对于上述人群来说，使用社交媒体就会导致他们的心理痛苦水平显著升高。学术研究报告指出，在人工智能早期和社交媒体兴盛阶段，人们的电子屏幕使用量和身体质量指数之间存在极大的相关性，在过去 25 年里，互联网技术变得越来越受欢迎，人类的身体活动已经逐步减少，久坐行为也有所增加。

大卫·迈耶（David Meyer）是一位著名的多任务处理学者，他把人工智能对人类造成的损害与鼎盛时期的烟草行业进行比较："过去，人们看不到自己肺里的烟草残余物；同样地，如今的人们也没有意识到自己的思维过程发生了什么变化。"尽管这话可能有点夸张，但显然，仅仅过去了 15 年，人类特有的专注模式就发生了戏剧化的转变。借用科技作家琳达·斯通（Linda Stone）的话说，我们生活在一个"持续部分专注"①（continuous partial attention）的时代。

认知心理学者对"悬浮注意力"（floating attention）进行了数十年研究，并得出一个重要的注意力理论，即著名的

---

① 大致意思为同时兼顾几件事，而每件事得到的关注度都只有一部分。

"鸡尾酒会"（cocktail party）效应。该理论描述了人们的一种日常经历：

> 我们在鸡尾酒会上与某位客人聊天，在酒会的背景声中，我们听到另一位客人说出一个让我们感觉熟悉的词语，而这个词语可能是我们自己或我们所关心的人的姓名。此时，聊天被打断。通常情况下，我们会转而跟另一位客人聊天，并意识到我们其实也在听他们说话，或至少用一部分注意力来做这件事。

这就引出了一个有趣的问题：我们对现实世界的专注度是否并不如我们想象中那么高？可能有些事情是摆在明面上的，犹如剧场里的舞台，一眼就能看到，但我们没有完全注意到幕后发生的事情。这有点像你在电影院里看电影时，别人却在窃窃私语。例如，我们可能正与某人共进晚餐，对话时我们同时又在听某个同事说话，或者跟孩子玩耍……

总而言之，我们没有全神贯注来做这些事情。为此，人工智能提供了无尽的、自动化的手段来分散我们的注意力，这些手段不仅充斥着我们思维的舞台，也充斥着幕后，渗透到我们的现实生活中，分散掉我们的部分注意力，甚至让我们永远依赖于最新的数字化手段。

我们现在还没有找到解决这个问题的方法。不使用新技术似乎是一个更容易让人接受的答案，但这要付出高昂的社会代价和经济代价，即把我们变成人工智能时代毫无用处的、没有生产力的公民。在人工智能时代，反对技术进步者几乎不被社会所接受或难以融入社会中。离开了网络，就等于你整个人被全世界忽视，就像森林里的神话树，如果没人听它讲话，它就会倒下。屏蔽应用程序或限制互联网接入显然是一种折中方案，至少可以让我们避免数字化技术导致注意力分散。

我们的祖先尽可能多地靠感官来获取周围的信息，并从中受益。但今日，我们只有忽视周围环境，才是适应环境的表现，因为我们生活在一个"噪声"和感官垃圾无处不在的世界里。在信息过载和数字媒体对我们进行无休止轰炸的时代，注意力分散就意味着我们宝贵的精神资源遭到破坏，而提高生产效率的唯一秘诀就是严格自律和自我控制。互联网上其实充斥着大量关于如何避免分心、提高注意力和生产效率的自助建议，可如果你把时间用在消化这种网络建议上面，反而会分散注意力和降低生产效率。

传奇爵士乐天才约翰·克特兰（John Coltrane）完成了一段引人入胜的萨克斯管表演后，他向乐队成员迈尔斯·戴维斯

(Miles Davis)哀叹说,他无法停止演奏萨克斯管。迈尔斯回答说:"你试过把这该死的东西从嘴巴里拿出来吗?"我们可以用同样的逻辑来控制不断出现的数字干扰。例如,我发现避免被脸书干扰的一个有效方式就是完全删除这款应用程序。又有谁会想到这个办法呢?当然,有时候怀旧情绪会让我想念高中的朋友,想看看脸书上的旧照片、窥探陌生人吃什么样的早午餐或者看我的远房表弟是否已经进入商务舱候机室。但不知为何,我觉得就算删除脸书,对人类文明来说也算不上太大损失。

在办公室工作效率高还是居家办公效率高?

我们发展大多数技术的目的,是为了提高生产力。20 世纪90 年代末到 21 世纪初的早期数字革命浪潮相对促进了生产力的增长,但从很大程度上讲,这要归功于信息技术密集型产业的形成和相关知识经济的扩张。它创造出了一个全新的行业,让很多人的技能得到提升并促使大量新企业涌现,所有线下存在的东西也转移到了线上。

然而,正如《经济学人》所指出的那样,"自 2005 年以来,生产力增长率已经下滑,也许是因为分散注意力的负担已经超过了某些关键阈值"。

换句话说，电子邮件、互联网和智能手机等大众化和可扩展的信息管理工具提高了我们的工作效率，但也带来了一系列新的干扰因素，破坏我们提高生产力的可能性。一些评估表明，员工每分钟使用两次智能手机，从事与工作无关的活动，而且在一次典型的数字干扰后，例如在工作时查看电子邮件、体育比赛结果、脸书或推特，员工恢复工作的时间可能长达 23 分钟。如果你仍觉得自己的工作效率可以提高，那么恢复工作的时间必须非常短。

与其他类型工作者相比，知识工作者更可能在工作日玩数字设备。他们曾是数字化技术的主要受益者，现在却将大约 25% 的时间浪费在处理数字干扰上。《经济学人》指出，数字干扰导致美国经济每年损失高达 6 500 亿美元，而知识工作者贡献的产值至少占美国国内生产总值的 60%。

学术研究表明，由于分心而造成的生产力损失可能比旷工和健康问题造成的生产力损失高出 15 倍，这是一个非常惊人的数字。近 70% 的职场人士称，上班时间玩手机而产生的分心导致其生产力严重下降。

多任务处理看似不错，其实不然。我们可以同时做多件事情，从而完成更多任务，这样的想法令人欣慰甚至符合逻辑。好像多任务处理是一种高效的生产力提升策略，但研究表明，人们所认为的多任务处理实际上大多是任务转换。评估表明，多任务处理相当于从我们的表现中减去了 10 分的智商分数，还给身体造成两倍于吸食烟草的虚弱程度，而且愉悦程度可能没有抽烟那么高。确实，因为我们看到或听到智能手机时，皮质醇水平就会提高，就像吸了大麻一样。

显然，智能手机极大地提高了我们的工作效率，但新冠疫情暴发前的评估表明，在上班期间，人们 60% ～ 85% 的智能手机使用时间是用于非工作活动。过去，人们用"上班摸鱼"来指代在工作时间上网消遣，但现在，似乎很多人只是在上网期间偶尔工作一下，完全扭转了以往的不平衡局面。当然，有人担心居家工作的效率是否够高，但这只是高估了在办公室上班时的实际工作时间占比，因为在办公室中，同事或智能手机都有可能成为分心的因素。

有一点讽刺的是，大多数人更反对混合办公，尤其是居家办公，因为他们认为那些在家里没有足够动力高效工作的人在办公室里工作会想提高工作效率。除非办公室能让人从全天候的数字沉浸中抽离，提醒人们工作也能让人与他人建立亲身联系，而且与活生生的人类打交道往往是相当有趣味和有益的。在人工智能时代，办公室同事造成的分心也许有利于我们摆脱人工智能的控制，让我们感受到一种既怀旧又新鲜的气息。

有意思的是，人工智能公司本应鼓励人们居家工作，因为这样它们能从每个人身上获得更多的关注和数据，而且人们居家的时候，来自物理世界或现实世界的干扰较少，就会更频繁地使用这些公司的工具。可是，当此事涉及人工智能公司自己的员工时，这些公司仍希望员工们在公司办公，很多大型科技公司的做法就是如此。

沉迷网络是因为想要一个熟悉的、有意义的世界

关于我们应该多长时间使用一次设备的励志文章比比皆是，而答案总是"少用"。从理论上讲，也许我们都同意这个结论。但在实践中，我们并没有付诸行动，这就是我们从来没有真正摆脱过电子屏幕的原因。

要过上卓有成效的生活，除了不断刷推特之外，还有其他一些方式。在繁荣的手机应用程序市场里，据说有些程序可帮助我们对抗智能手机成瘾，但这种程序的功能是自相矛盾的，比如我们用"回复所有人"来抱怨别人点击"回复所有人"。然而，对那些靠科技手段进行社交、学习、打发时间和提高工作效率的人来说，这些所谓能够帮我们过上一种更系统和更专注生活的方法似乎相当不着边际，因为在新冠疫情期间，我们只能借

助科技来让工作保持正常运转。

在疫情封城期间，我们可以选择不沉迷于 YouTube 或奈飞网剧，但 2020 年奈飞的付费用户增加了 31%，每个用户平均每天观看 3.2 小时内容。同样的，没有人强迫我们增加 Zoom 或 Microsoft Teams 的使用频次，而不是使用电话；也没人强迫我们花更长时间浏览 Facebook 和 Instagram，而不是看书、收拾屋子或烤面包（根据封城期间人们社交媒体的更新内容，烘焙变成一种流行的活动）。

出于同样的原因，最近播客呈爆炸式增长，说明我们试图逃离因昙花一现的内容更新而变得拥挤不堪的社交媒体数字空间，想用更实质性的内容来集中我们的注意力。但很快，做这件事的人就多了起来，并被过载的内容所操控。Spotify 的付费博客用户数量从 2019 年的 45 万人增加到 2021 年的 220 万，现在，Spotify 以播客数量众多而闻名。所以我们应该选什么？在如此之多选择的情况下，该如何保持专注呢？

现在很多父母已经意识到，当自己离不开网络，现实世界也没有其他明显的干扰时，要求孩子停止玩电脑游戏或放下 iPad 就很不合理了。有趣的是，史蒂夫·乔布斯（Steve Jobs）曾说过，他不允许自己的孩子靠近他的 iPad，而且永远不能购买 iPad。几天前，我认识的一位家长向我表达了她深深的愤怒，因为她的学龄前孩子偷偷解开了她的 iPad 密码，躲在壁橱里看了几个小时的视频。同理，当我们和自己的伴侣各自玩手机时，我们经常都会生气。父母们整天玩电子产品，所以对叛逆的孩子来说，更符合逻辑的做法应该是强迫他们整天玩 iPad，这样他们就会偷偷跑去公园玩。

虽然我们会感叹自己使用屏幕的时间过长，但这种现象仍然越发普遍，老年人也不例外。

2019 年，尼尔森公司①（Nielsen）的一项调查发现，65 岁及 65 岁以上的美国人每天面对屏幕的时间达 10 个小时或更多。即使是对我们这些平均每天只花 3 到 4 个小时（低于全美国平均水平）看屏幕的人来说，这仍意味着我们大约会花费 10 年时间看屏幕。可以肯定的是，大多数人看到这些统计数据时，心里会感到愧疚，尽管否认才会让人感到欣慰。

问题是，为什么我们不放下电子产品，关注现实世界中更

---

① 尼尔森是全球著名的市场监测和数据分析公司，1923 年由现代市场研究行业的奠基人之一的阿瑟·查尔斯·尼尔森先生创立，总部位于英国牛津。

令人感兴趣的人和事呢？比如我们的孩子、学校、月出和落叶。我们为什么要这样做？因为我们的网络错失恐惧症①（FOMO）甚于错过任何现实生活中的活动而产生的遗憾。

十年前的一次市场营销会议让我记忆犹新，当时在会上，人们对了解第二或第三块屏幕所带来的影响很感兴趣。这里所说的"第二块或第三块屏幕"，指的是人们一边观看电视节目，一边浏览 iPad，同时还用智能手机跟朋友聊天。我们似乎容不下第四块屏幕了，除非我们考虑用智能手表、伴侣的设备或其他的什么东西。也许我们已经准备好接受埃隆·马斯克的脑机接口人工智能 Neuralink，只为简化和强化我们的大脑，或者实现永久的虚拟现实，把我们带入一个截然不同的、不那么容易令人分心的现实世界。元宇宙与我们的距离比想象中更近。无论我们是否意识到，我们现在都在通过人工智能的视角来看待世界，而对现实世界的关注却越来越少。

如果沉溺于无休止的数字干扰中所付出的代价是永远无法集中注意力，那么我们到底能从中总结出什么经验？任何技术或创新要普及，都必须迎合我们内心深处的心理渴求，以及一些进化需求。这里有一些更深层次的东西，它不是我们跟不上

---

① 经常担心错失他人的新奇经历或正性事件，而产生的一种弥散性焦虑，所以个体会强烈期待持续跟进他人所做之事，也被称为"局外人困境"。

最新的数字化技术而感到的无聊或错失恐惧症，而是我们对追求人生意义的渴望。

换言之，我们渴望了解这个世界，并将一个混乱、矛盾和不可预测的现实变成一个有意义的、熟悉的和可预测的世界。

> ● I, HUMAN ○
>
> 任何技术或创新要普及，都必须迎合我们内心深处的心理渴求，以及一些进化需求。

人类进化过程中，意义的来源发生了很大的变化。起初，我们依赖巫师和人类群体中长者和智者的智慧，我们提出一些难题，并相信他们给出的答案；后来又诞生了神秘主义和宗教，紧随其后的则是哲学、科学以及你能想到的任何教派或知识学派。就像哲学之后，我们从科学中获取人生意义。当然，艺术、音乐、体育、娱乐和人生经验也是意义的来源。生活为我们提供了构建各种意义所需的原材料。我们崇尚拥有意义的信念，当我们找不到人生意义时，就会感到绝望。

然而，人工智能把我们与意义之间的关系变得复杂。一方面，它为我们提供了太多意义，为我们量身定制声音、图像和信息。我们每天都遭遇史上前所未有的刺激——从 Instagram 上的 Facetune 图像到 YouTube 上的车祸、恐怖袭击和暴动视频，以及介于这两者之间的一切信息。这一连串的刺激因素由算法驱动，而算法说服我们点击、点赞和购买商品，这些活动都意味着我们对这些意义的认可，或者至少证明我们渴望获得更多东西。

另一方面，我们对这些刺激因素已经麻木。正如爱荷华州立大学的格雷戈里·罗布森（Gregory Robson）教授所指出的那样，感官受到过度刺激的后果往往是智力刺激不足。我们可能会翻看 Instagram，浏览朋友和名人精心拍摄的照片，但我们又曾几何时能从这些体验中提取出真正的意义呢？

在数字时代的早期阶段，我们最关心的是注意力为何会更加分散；现在，我们已经进入到另一个阶段，即生活本身似乎就是注意力分散的过程。我们最希望看到的似乎是我们所展现的数字化形象可以吸引到别人的注意力，那些表明我们受欢迎程度的数字指标除了让我们沾沾自喜之外，并没有让我们自身的生活变得特别充实。

在历史上，人类一直依赖经验来塑造态度和价值观。我们通过印象和生活经历来感受、思考和形成我们自己的观点。但是，当我们的经验仅限于为迎合我们现有价值观或信念而设计的简化算法信息时，我们就不再享有处理和消化知识的权利，就像吃垃圾食品或加工食品会妨碍我们身体的新陈代谢一样。

只有当我们能远离冗余信息、无处不在的过度曝光或乏味重复的日常生活时，我们似乎才能找到意义。寻找更多独处的时刻，远离数字化群体，将思维抽离出来，进入深度思考，这也许是我们找回似乎已经失去的某些意义的最佳机会。选择权在我们手里，我们可以忽略没有意义的东西，而不是通过关注它来使它变得有意义。我们还没拿到通往元宇宙的入场券，就已经开始忽视曾经熟悉的生活，让自己陷入危险之中。

正如下一章将阐述的：人工智能破坏了我们抵制注意力干扰的主要心理机制之一，也就是我们的自主和自控意识。算法不仅玩弄我们的专注力和注意力，还用永无止境的数字化虚拟诱惑来引诱我们，侵蚀我们的耐心、延迟满足的能力以及为享受长期情感和智能利益而做出短期精神牺牲的能力。

你的注意力分散吗？

每符合一条描述加 1 分，然后得出总分。

序号	问题描述	得分
1	屏幕使用时间持续增加，部分原因是一直查看自己的屏幕使用时长统计。	
2	和别人共同进餐时，经常查看手机。	
3	半夜醒来时会看手机。	
4	愿意参加线上会议，因为能在开会时做其他事情。	
5	参加线下会议时，去洗手间偷偷查看手机信息。	
6	坐飞机时，即使手头没有工作要做，也习惯连接 Wi-Fi。	
7	发现自己很难连续集中注意力或专注一件事情超过 5 分钟。	

序号	问题描述	得分
8	曾尝试使用能提高生产力的应用程序，比如防分心软件，但收效甚微。	
9	朋友、伴侣或同事都抱怨过你对智能手机上瘾。	
10	在尝试完成这个简短的评估时，被其他应用程序、网站、电子邮件或提示信息分散了注意力。	
总分		

0～3分：就注意力分散而言，你可能是个文化异类，就像生活在 20 世纪 80 年代的人。

4～6分：你还在可纠正的范围内，还能很容易地让注意力变得更集中且不易分散，不过仍需继续努力。

7～10分：你是社交媒体平台的完美客户，也是人工智能时代的文化象征。如果你想摆脱数字技术操控，唯一的方法也许就是提醒自己正在错过一种叫作"人生"的东西。

I, HUMAN

AI, AUTOMATION AND THE QUEST TO
RECLAIM WHAT MAKES US UNIQUE

第 3 章

被舍弃的耐心

"美好事物只青睐耐心等待的人。"这句话成立吗？

纵观人类历史，那些最才华横溢的人都极有耐心。例如，亚里士多德（Aristotole）写道："忍耐虽苦，其果甚甜。"托尔斯泰（Tolstoy）说过："时间和耐心是最强大的两个战士。"莫里埃（Moliere）说："生长缓慢的树木才能结出最好的果实。"牛顿（Newton）写道："天才即耐心。"但是，在只需点击一下鼠标就能实现梦想的世界里，这句话听起来更像是某些人错过最后期限的借口，或者是餐厅经理为经营不善找的借口。

我们不再把耐心视为一种美德。当然，我们可能会欣赏那些表现出耐心的人，但只是因为我们嫉妒他们。他们与众不同，天赋异禀。这与我们崇敬谦逊的领导者类似，因为绝大多数领导者都缺少谦逊的态度。

在人工智能时代，我们不禁感慨自己无法集中注意力，无法静下心来，也无法保持耐心。我们无法控制自己的冲动。仅仅几秒钟的信号缓冲就足以让我们怒不可遏；一旦网速变慢，我们就像承受着中世纪最残酷的刑罚。人类这个物种曾以自制力、主观能动性、慎思和延迟满足能力而著称，可如今，我们的耐心已经降到 5 岁小孩的水平。无论做什么事，或者去什么地方，我们似乎都无休止地追求速度。

16 秒信号缓冲就能让一名成年人产生挫败感

过去 20 多年里，我们对速度的追求推动了大部分技术创新。在人工智能兴起之前，快餐、汽车和几乎所有人类消费领域也是如此。人类似乎更喜欢不断加速，在快进模式下生活。

20 世纪 90 年代末，电脑与拨号网络建立连接，20 秒的间隔声就让我们感到兴奋，那是与一个新世界连接的声音，它把我们传送到一个似乎存在无限可能、能让我们与远方亲朋互动的地方。

时间快进 20 年，接收电子邮件、应用程序更新、

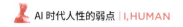
> 软件更新或奈飞网站缓冲时的 5 秒钟延迟就足以点燃我
> 们把屏幕砸烂或把数码设备扔出窗外的欲望。

如果说人工智能在消耗或完全扼杀我们耐心，似乎还为时过早，但毫无疑问，人工智能基本上变成一个缩短时间的工具，帮助人类以更快的速度、更高的效率完成工作。

人类生来就缺乏耐心、极易冲动，所以也不怪我们容易沉迷于 WhatsApp、Instagram 和脸书等社交媒体，但是，我们对这些智能平台的依赖会让我们变得更冲动，这也解释了为什么仅仅 16 秒的信号缓冲就足以使一名现代成年人产生挫败感（不知道大家是怎样的，我更像是 3 秒钟缓冲都不愿意等）。最近的学术研究报告称，1/3 的智能手机用户承认，自己在醒来后 5 分钟内就拿起了手机，这时候他们可能都还没把手伸向伴侣。

自互联网诞生以来，就有人提出了一种全新的、独立的精神病理学形式，即强迫性使用数字技术与赌博、饮酒或吸烟等其他成瘾行为的症状和心理学因果关系一致，这一点已达成了广泛的共识。短短 20 年里，数字强迫症已在心理健康风险评估中出现，而且它在评估中从怪异的小众病理症状降级为了这个时代的文化或社会特征。曾被视为病态和不寻常的事情如今已成了常态，例如花大量时间玩电子游戏、网购或沉迷于社交媒体平台。

就约会而言，以往我们经常去酒吧与别人闲聊，喝点酒，琢磨着是否与对方交换电话号码，然后开始畅谈，想确定我们以后是否再次见面，以加深了解。后来，社交应用软件Tinder[①] 和 Bumble 面世，原本充满浪漫色彩的面对面接触顿时让人感觉少了很多创意。

> 在新冠疫情暴发之前，在线手机约会已成为人们约会的首选方式，美国 39% 的异性恋者使用这种方式约会，而采用该方式约会的性少数群体比例则要高得多。大量单身和非单身人士先在手机上用 Tinder 筛选约会对象，然后再去酒吧见面。这种约会方式促使一些酒吧提供"Tinder 周二约会夜"活动，来参加活动的客人必须先在线上约会。Tinder 声称，这款软件自十几年前上市以来，已进行了 550 亿次配对，可能比现代酒吧历史上所有自发的线下配对次数都要多。

---

① 一款国外的手机交友 App，这款应用在推出的两个月内，推荐匹配了超过 100 万对的爱慕者（双方第一眼互有好感），主要的操作动作就是左右滑动推荐给你的用户照片以选择你"喜欢"的人。

求职也是一样。过去，我们主要靠朋友、同事、毕业生招聘会和向用人单位发送工作申请来求职，后来，Indeed、领英和 HireVue 以及像 Tinder 那样精准配对的求职软件面世。如今，Upwork、Fiverr 和 Uber 这样的零工经济平台在任何经济体的职位总量中虽仍然占比极小，但这种局面可能会发生变化。

人工智能正极大改善这些服务的体验，因为它能够根据我们以及和我们相似的人的过往行为提供一系列不断扩大的个性化选择，减少我们与新朋友见面或寻找新工作时所耗费的时间和产生的摩擦。

但是，即使能快速找到约会对象或工作，也无法提升我们对自身选择的满意度，也就更不用说因此取得长远成就了。因为你要有耐心，给约会对象或工作岗位一个机会，然后评估自己的选择是否合理，还要在面对无数选择时避免患上错失恐惧症……这个过程这与奈飞的算法别无二致。奈飞会快速向用户推荐我们应该看的内容，而约会和求职软件的推荐算法却让我们联想其他潜在选项。

生活为我们提供了无穷无尽的可能性和机会，包括无限的内容流，但我们永远没有足够的时间去一一尝试，这只能徒增遗憾和不满足感，毕竟我们起码能意识到自己无法体验到什么，以及正在失去什么。

这种强迫性的错失恐惧症在网购行为中体现得最为明显。据报道，多达 16% 的美国成年人经常陷入强迫性消费模式。绝大多数购物网站使用人工智能来管理、推动和向客户推销产品，在品牌和消费者之间建立黏性关系。那些确定为强迫性网购关键指标的行为，看起来正常得不行，比如：

"我花了很多时间思考或计划网上购物。"

"我的脑海里一直浮现网上购物的想法。"

"有时候我网购的目的是让心里舒服些。"

"网购一直让我的良心感到不安。"

这表明实际有网购强迫错失恐惧的人数占比可能明显多于 16%。这些话听上去就像"我经常网购"一样普通和规范，但这并不意味着网购没有问题。相反，它表明了我们的在线零售强迫行为已经产生了普遍影响。如果未来的法规保护消费者免受这些习惯影响，我也不会感到惊讶。最近，比利时第三大城市沙勒罗瓦的市长呼吁本国禁止网上购物，他将电子商务描述为"社会和生态的退化"。

为了限制或抵制这种快速激烈的生活方式，不仅各国政府出台了法规，文化领域也出现了一些对抗手段，比如意大利北部的"慢餐运动"、大量涌现的时长三四个小时的电影，以及持续十季的电视连续剧（仿佛剧集内容越长，就越容易获得奖项提名似的），甚至还有长期金融投资哲学，比如沃伦·巴菲特建议投资者"只购入你乐意持有的股票，哪怕市场十年不景气你都不怕的那种"。这听起来是一个合理的投资建议，但对一些人来说，在 Robinhood[1] 交易平台购买 GameStop[2] 公司的股票比把钱投向指数基金有趣得多。

不过这些"放慢脚步"的尝试与我们面临的挑战相比，就相形见绌了。

过去几年里，TikTok 用户从 1 亿人增长到 10 亿人，一些国家的用户平均每天使用 TikTok 3 小时。TikTok 借助人工智能吸引消费者，被冠以"数字强效可卡因"的称号。该平台甚至不需要用户提供多少关于自己的信息，就可以迅速向用户推荐

[1] 是最早一家提供低成本交易的美国券商，支持零佣金的股票、ETF、期权和 ARDs 交易、零佣金的加密货币交易，且支持 IPO 认购。
[2] 一家在走下坡路的游戏实体店。GameStop（GME）事件是史上第一次美国散户完胜华尔街对冲基金的对抗。

个性化内容，并利用用户的观看模式来逐步提高内容的相关性。正如分析人士所指出的那样，"TikTok 是第一个把人工智能当作产品的主流消费者应用程序。它代表着一种更广泛的转变"。

TikTok 非常高效，但并不完美。其算法质量依赖于用户的数量，用户培育和改善了这款软件。《华尔街日报》的研究人员在 TikTok 上创建了 100 个自动生成的账户，结果发现随着时间的推移，"一些账户最终陷入了相似内容的怪圈中，其中一个账户只观看与抑郁症相关的视频，还有些账户观看了鼓励饮食失调、与未成年人发生性关系和讨论自杀的视频"。

人工智能最低限度的应用是强化社交媒体的成瘾性，如果这种应用都如此有效，那么经过充实和完善后的人工智能引擎能实现什么？这问题想想都觉得可怕。

大脑极速狂飙，因为冲动就会得到奖励

如果人工智能要求我们的大脑时刻对微小变化保持警惕并迅速作出反应，提升运转速度而非准确性，并且按经济学家所说的"系统 1"[①]（System 1，即冲动、本能、自动和无意识的决策）

---

① 《思考，快与慢》作者丹尼尔·卡尼曼认为，我们的大脑有快与慢两种作决定的方式，即常用的无意识的"系统 1"和有意识的"系统 2"。丹尼尔·卡尼曼是心理学家，于 2002 年获得诺贝尔经济学奖。——编者注

模式工作，就难怪我们变得越来越没有耐心了。

有时反应迅速或相信直觉确实是最佳选择，不过当快速无意识成为我们的主要决策模式时，真正的问题就来了。它会导致我们犯错，并削弱我们发现错误的能力。

● I, HUMAN ○

无知往往是仓促决策的原因，因为直觉其实来之不易。

就像专家之所以能够独立思考，是因为他们花了上千个小时去学习和练习，以数据作为自觉的依据。只有这样，他们才能根据已经内化的专业知识和循证经验迅速采取行动。现实是大多数人觉得自己很专业，实际他们都不是专家。

大多数人以专家一样的速度和自信行事，尤其是在推特上与他人互动的时候。我们大谈特谈流行病学和全球危机，却没有提出造成这种现象的具体知识。人工智能确保我们的信息被传递给更容易相信它的受众，也正因如此，我们的对"专业"的错觉可能被自己的"过滤气泡"① 强化。人类有一种有趣

---

① "过滤气泡"（filter bubble）概念由美国互联网创业者伊莱·帕里泽（Eli Pariser）提出，指的是算法根据用户的数据来过滤并向用户推荐高度同质化的信息流，而这些信息流进一步强化了个人特征，使个体活在封闭的气泡中，与世隔绝，阻碍其认识真实的世界。

的倾向，即当人们的思维方式趋向一致时，他们的思想会变得更开明、理性和理智。

耐心的缺失对我们的智力培养、发展专业知识和获取知识的能力造成了损害。想想看，我们在消耗（consume）实际信息时，多缺乏韧性和细致。我刚才用的是"消耗"一词，而不是"查看"、"分析"或"检查"之类的字眼。一项学术研究显示，在所有数字谣言，比如大部分假新闻中，前 10% 的谣言占了 36% 的推特转发消息。"回音室"[①]（echo chamber）效应就是这种现象最好的解释：转发是基于与转发者的观点、信仰和意识形态相匹配的标题文字和图片等（clickbait，直译为"点击诱饵"），以至于你的信仰与转发的文章的实际内容之间存在差异都可能被忽视。

> 耐心意味着我们要花时间判断事情的真假，或者确定是否有充足理由去相信某个人的观点，尤其是在我们赞同该观点的时候。在美国总统选举辩论中，阻碍我们投票给不称职或不诚实政客的并非缺乏事实验证的算法，而是我们的直觉。要预测某个人能否赢得美国总

① 即信息或想法在一个封闭的小圈子里得到加强。它是指在一个网络空间里，如果你听到的都是对你意见的相似回响，你会认为自己的看法代表主流，从而扭曲自己对一般共识的认识。

统候选人资格，取决于两大因素：候选人的身高以及我们是否愿意跟他们一起喝杯啤酒。

基于人工智能的互联网平台对人类行为的影响不亚于此前其他类型的大众媒体造成的影响，比如电视或电子游戏。有证据表明，电视或电子游戏可能加重注意力缺陷及多动障碍之类的症状，比如冲动、注意力缺陷和过分好动等。现在我们不再放慢脚步，停下来思考和反思，表现得就像没有头脑的机器人。有研究表明，当人们遇到急需解决的问题时，就会在谷歌上搜索答案，长此以往，我们获取知识的能力，以及回忆事实和信息从何而来的能力就会变弱。

遗憾的是，要抗衡我们的冲动行为或控制不耐烦情绪并非易事。大脑是一个极具可塑性的器官，它有一种能力，可以与它所运用的物体和工具紧密相连。在某些环境或文化中，这些适应能力看起来也许是病态的，但在其他环境中，它们是必不可少的生存工具，烦躁不安和快节奏的冲动也不例外。

如果适应力得到了过度奖励，就会变成一种商品化的、被过度使用的力量，使我们变得更加僵化、更不灵活，完全受控于自身的习惯，且更难表现出相反类型的行为。人类适应力的缺点在于：把自己塑造成经验的对象，放大那些能够确保我们融入的模式。在这种情况下，我们就很难改变行为。

> 我在伦敦住了整整一年后，回到家乡阿根廷。儿时的朋友们很想知道我的生活节奏为何变得如此之快，他们问我："你为什么这么行色匆匆？"
>
> 十五年后，我从纽约回到伦敦时，也经历了生活节奏的脱节，因为纽约的生活节奏又比伦敦快得多。然而，以香港的相对标准来看，大多数纽约人的生活节奏似乎很慢。
>
> 在香港，关闭电梯门的按钮通常会磨损严重；而香港的出租车还没停稳，它的自动门就立刻打开并关上，乘客但凡打个盹，就会错过下车时机。

适度的耐心总是与环境需求相匹配的，但如果等待的时间超出应有时长，那么就是在浪费时间。当耐心滋生自满或一种错误的乐观心态，或是滋生懒散和消极心态时，就可能不是最理想的思想状态了。这更多的是一种性格倾向，而非精神力量。

同理，现实生活中主动要求升职往往比耐心等待晋升机会而更容易达成目标；不给约会对象、同事、客户或过去的雇主第二次机会，则有助于你避免预料之中的失望；而耐心等待一封永远不会收到的重要邮件，也会削弱你做出更好备选方案的能力。简而言之，战略上的紧迫感，即耐心的反面是相当有利的。

在很多情况下，耐心及其更深层次的自我控制心理可能是一种不可或缺的适应能力。如果人工智能对我们等待和延迟满足的能力不感兴趣，那么耐心就不再是一种美德，我们就可能变得更狭隘、更浅薄。

睡觉和锻炼：被低估的培养耐心的方法

根据心理学的定义，自我控制力是"一个人修改、更改、改变或无视自身冲动、欲望和习惯性反应的心理能力"，它就像精神层面的核心肌肉。虽然每个人天生就拥有某种禀性，但也必须不断地锻炼这种禀性，它才能变得越来越强大。这意味着我们都有能力发展更高层次的自我控制力，以抵制数字诱惑，从而巧妙地集中注意力和培养耐心。

著名的心理学家罗伊·鲍迈斯特（Roy Baumeister）经过几十年的研究后指出，自我控制力也会像肌肉一样有疲劳感。换句话说，越加强自我控制和抵抗诱惑，我们剩下的能量储备就越少。举个例子，如果你整天都在想："我不能吃那块饼干！"那块饼干就会完全占据你的意志力，消耗你的能量，让你无法对其他任何事物发挥自我控制力。你用来自我控制的能量是有限的，在某个事物上用得越多，留给其他事物的就越少。这个道理同样适用于遵循健康饮食、采用更健康的生活方式或想成为一个更好的人。

从自我控制的角度来看，一夫一妻制有点像素食主义，它在道德层面可能是正确的，而且肯定是一个高尚的目标，但它无法完全抵制炭烤牛肉的美味香气。而人类抵制科技的诱惑也是如此。

显然，要克服我们对技术的冲动式盲目依赖，唯一的方法是减少技术的使用频次，用线下活动取代一些线上活动时间。有一种普遍的活动能给我们带来巨大的好处，那就是睡觉。但奇怪的是，人们低估了这项活动的好处。

健康睡眠包括足够的睡眠时间和良好的睡眠质量，例如能良好平衡休息和快速眼动睡眠，健康睡眠可以增加你的能量储备，让你的头脑变得清醒，并改善你的精神健康和身体健康。一项元分析[①]（meta-analysis）研究表明，睡眠质量和睡眠时间的个体内和个体间差异与自控力呈正相关关系。

有意思的是，人工智能正在推动睡眠科学的发展，帮助我们发现睡眠问题，并改善心理干预和治疗工作，因为我们至少

---

① 用于比较和综合针对同一科学问题研究结果的统计学方法，其结论是否有意义取决于纳入研究的质量，常用于系统综述中的定量合并分析。

可以用一些应用程序来追踪自己的睡眠模式。只不过手机及其发出的蓝光会扰乱我们的睡眠。

锻炼身体则是另一个可以增强自我控制力且容易操作的选择。研究表明，只要连续两周保持有规律的体育活动或健身，人们就可以抑制冲动购物的习惯。当然，我们要具备一些自控力或意志力才能开始锻炼，正如消除任何坏习惯之前都必须下定决心一样。此外，我们还要有一定程度的投入才能开始做这件事，因为自控力和锻炼之间的关系是双向的，它们能够相互促进，所以努力往往会得到回报。我们锻炼得越多，就越能强化精神耐力。

问题是，机器能够控制和操纵我们，其实不能说明人工智能的复杂性，倒是更说明了人类缺乏意志力且动力不强。同样地，人工智能正在提高其大规模执行逻辑计算的能力，扩大其可解决的现实世界问题的范围，但这并不意味着我们必须降低自己在日常生活中的智力表现。

人工智能有一个很关键但又很少被讨论的特征，就是非理性行为和偏见。因为这是人类思维中普遍存在的，人工智能又是以人类思想作为支撑的，所以人类思想对世界构成的威胁远大于机器能力进步所带来的威胁。也许我们原本想要人工智能，结果只收获了人类的愚蠢。

你有耐心吗?

每符合一条描述加 1 分,然后得出总分。

序号	问题描述	得分
1	没有什么比缓慢的网速更糟糕的了。	
2	只要网络信号缓冲超过 30 秒钟,就会抓狂。	
3	感觉日子过得越来越快。	
4	有时候被别人说不够耐心。	
5	看到别人做事慢吞吞,就会生气。	
6	总是很快回复邮件。	
7	不上网是件很难的事。	
8	认为不经常上网,就会有更多时间来进行有利于身心健康的活动。	

序号	问题描述	得分
9	数字时代让自己缺乏耐心。	
10	经常觉得自己在与自控力作斗争。	
总分		

0～3分：你能够抵抗数字诱惑和数字干扰，保持沉着淡定，一切尽在掌控之中，恭喜你！众人皆醉你独醒。

4～6分：你达到了平均水平，可以有所作为。

7～10分：算法很喜欢你，并支配着你的生活。

I,HUMAN

AI, AUTOMATION AND THE QUEST TO
RECLAIM WHAT MAKES US UNIQUE

第 4 章

傲慢与偏见

人类普遍以理性、逻辑思维、智能推理和善于决策而著称——至少人类自己是这样认为的。不可否认，这些品质推动了科学、工程、医学甚至人工智能的进步。但实话实说，人类也是愚蠢的、非理性的和有偏见的。每当我们试图赢得争论、给别人留下深刻印象、快速且冲动地做决策并对自己的决策质量感到满意时（更多的是我们自己感觉良好），这点尤为明显。

数十年的行为经济学研究表明，人类天生就有一系列的推理偏见，这些偏见帮助他们在复杂环境中找到方向，简化或加速与世界和他人的互动，而不必过度消耗脑力。用著名神经学家莉莎·费德曼·巴瑞特（Lisa Feldman Barrett）的话说，"大脑不是用来思考的"。我们的大脑在进化过程中对世界进行快速预测，以提高我们的适应能力，同时尽可能地节省和保存能量。事物越复杂，我们就越要这样做，越要简化事物。

人类智能的现代发展史是一段自我羞辱史

人工智能最常见的用途不是增加我们的知识，而是把我们变得无知，把世界变得更愚蠢、更充满偏见。想想看，社交媒体无所不用其极，利用我们的证实偏差[①]（confirmation biases）为其服务。算法知道我们喜欢什么，并给我们提供更符合我们既定世界观的新闻报道。尽管互联网非常广阔，且有着不同的视角和声音，但我们都活在自己的"过滤气泡"里。尽管我们花了大量时间来确定人工智能是否真的"智能"，但它似乎不容置疑地强化人类的自尊，而非增强人类的智能。

人工智能算法就像一位励志演说家或人生导师，善于增强我们的自信，让我们自我感觉良好，忽略自身的无知。当人工智能以我们为目标，提供我们想听到并相信的信息时，增强的就是我们的自信，而非我们的能力。正如喜剧演员帕顿·奥斯瓦尔特（Patton Oswalt）所言，在 20 世纪 60 年代，我们使用电脑把人类送上了月球，那些电脑的运算能力甚至还不如计算器；如今，我们每个人的口袋里都有一台超级计算机，却无法确定这个世界是否平的，也无法确定疫苗里是否有巫毒。

[①] 当人确立了某一个信念或观念时，在收集信息和分析信息的过程中，产生的一种寻找支持这个信念的证据的倾向。

人类智能的现代发展史是一段令人羞愧的自我羞辱史。起初，我们认为人不仅是理性的，而且是极其务实的，觉得人是实用主义者，可以让决策的效用和回报最大化，并以合乎逻辑的方式权衡利弊，选择最适合自己的方案。这就是"经济人"（homo economicus）阶段，或是"理性人"阶段。

人类自视客观、高效、具备逻辑思维，总是以充满智慧的方式行事。但是，行为经济学运动打破了这一神话，提供了大量异于此规律的特例。偏见成了规范，客观才是特例，甚至是乌托邦式的完美状态。我们也许能够理性行事，但大多数时候，我们都是靠本能，让偏见促使我们做决策。

人类不遵循某个论点的逻辑，也不追寻证据的踪迹，而是简单地将论据或证据指向一个自己偏好的结果。我们没有以公正检察官的方式做事，而是扮演罪犯律师的角色，在这种情况下，"被告人"就是我们的自我。虽然这一观点代表着如今部分人对人类智能的认识，但与行为经济学家的说法相比，两者还是有着细微差别。

大多数时候，人们以非理性的方式行事，但他们的行为仍然是可以预测的。研究过现代人格心理学就会发现，人类的非理性行为是可预测的，但仍要解读每个人独特的非理性模式，从而预测和了解他们的行为。换句话说，与人类智能相比，人类的愚蠢表现为很多不同形式，我们可以将其归因于个性。正是因为个性，你有了独特的倾向和偏见。

● I, HUMAN ○

> 有一种偏见是普遍存在的，即我们认为自己的偏见程度低于其他人。

人工智能是否会获得某种个性？如果这个问题问的是人工智能是否形成某种有偏见的决策风格，或者形成一种针对某些特定情形反复出现但独特的偏好适应模式，那么答案就是肯定的。

例如，有一个神经质的聊天机器人，它对现实很容易做出悲观的、自我批判式的和缺乏自信的解读；它还渴望得到别人的过度认可，且漠视积极的反馈，因为它觉得事情不可能像它们看起来那么好。这个聊天机器人将会掌握"冒名顶替综合征"[①]（impostor syndrome）这

---

① 指的是一种不管自己在别人眼中有多优秀，总觉得还是不够好，不值得眼前的一切的心理。患有冒名顶替综合征的人无法将成功归因于自己的能力，而只归功于幸运的环境或机会。

门艺术，继续为上大学和工作分配做过度准备，同时对自己取得的成就表示不满和过度挑剔。

假如又有另外一个聊天机器人，它具有高冲动性的机器学习算法，很容易对数据做出过分自信的解读，并从非常有限的数据点、不充分的事实当中获得大胆而狂野的见解。也许这个过度自信的人工智能最终会从这些漫不经心和过于乐观的推论中获益，就像那些过度自信和自恋的高管们以傲慢和对自己无理由满意而著称一样，就会反过来强化这些自以为是的偏见。

我们觉得别人聪明时，就会倾向于追随和尊重对方，但遗憾的是，一个人聪明与否，除了他的智力之外，还受到各种因素的影响，妄想式的自信就是主要影响因素之一。从这个意义上讲，如果人工智能成功地模拟了人类，我们可能会误把对算法的过度自信当作能力。

我们还可以想象某种形态的人工智能对人类不够友好或自私自利，它通过抨击他人并对他人做出负面评价来弥补其较低级的自我观念，即使这意味着人工智能对现实的理解不够充分。这种人工智能可能包括真正的种族主义或性别歧视的聊天机器人，它们贬损某些人群，并以此为荣，从而让自己感觉良好。不过，这可能要为聊天机器人设定与其身份匹配的性别、种族或国籍。我们甚至可以设计一种好奇心极重、极具创造力和创意的人工智能，它能够产生不同寻常的联想，且关注事物的风格多于关注实质，擅长模仿艺术家的诗意化思维倾向等。

你的偏见比想象中更严重

大多数人都认为自己的偏见没有实际那么严重，也不像其他人那么严重。自由主义者认为，保守主义者稀里糊涂地成为虚假信息的受害者；而保守主义者认为，自由主义者恰恰对言论自由构成了威胁。我们大多数人都认为自己肯定没有种族偏见，有偏见的是别人；又或者，我们认为自己看到的是世界的真实面貌，而其他人是戴有色眼镜看世界的。

这种观念是错误的。如果你不赞同我的说法，你可能只是在自欺欺人。如果我们找来 100 个人，问他们是否有偏见，可能只有不到 10% 的受访者给出肯定的答案；然而，如果我们再问这 100 个人："别人是否存在偏见？"，90% 的人会说"是"。

有人可能认为，人类智能指引着我们以合乎逻辑或理性的方式行事，然而，真正起着掌控作用的是我们的意志。借用德国哲学家亚瑟·叔本华（Arthur Schopenhauer）的一句名言："意志犹如身体强壮的盲人，他把瘸子扛在肩上，帮他指路。"叔本华还贴切地写道："世界即我所想。"此话表明"主观性"已成为其哲学的核心原则，令其他哲学家不禁思考这样一个问题："他的妻子对此有何看法？"

社会心理学家很早就发现，人们会把那些非常成功的事件当作个人的胜利，却把不成功的事件归咎于无法控制的外部环境，比如运气或上天的不公。研究表明，绝大多数人都沉浸在所谓的"乐观偏见"中。我在伦敦大学学院（UCL）的同事塔利·沙罗特（Tali Sharot）说过："我们在预测明天、下周或 50 年后发生的事情时，会高估积极事件发生的可能性，而低估消极事件发生的可能性。例如，我们会低估自己离婚、遭遇车祸或患癌症的概率。"

人类有一种独特的自欺能力，几乎没人能够说服我们。

我们存在很大的认知鸿沟，大部分人会故意无视自身的偏见、成见和盲点。而且更糟糕的是，即使我们意识到自身的局限性，可能也无法解决这个问题。远的不说，就说说用于消除职场偏见的现代干预手段，比如曾在人力资源领域风靡一时的

"无意识偏见培训"。有人对 500 项研究进行了元分析，结果表明，付出大量努力，有可能让关于态度和偏见的潜意识的测量方面产生非常小的变化，但这些变化对行为不构成任何有意义的影响。显然，开发这些项目的人本意是好的，负责这些项目的团队也是好的。但这些项目就是不起作用。

他们对持相同看法的人鼓吹同样的主张，或者迎合那些自认为"思想开明""自由""不带任何成见"的人。通常情况下，这种说法只是一种天真的、过分自信的自欺欺人策略。因为这会促使我们把责任推到别人头上，这表示我们指出别人有偏见时，就是在暗示有问题的是他们，而不是我们或系统。

如果你想控制自身行为，就要了解自己的态度，还要了解别人如何判断这些态度，以及他们会通过审视哪些行为来推断你的看法。但问题在于，这些消除偏见的项目天真地认为，我们意识到自己的偏见会让我们以更开明的方式行事（要真是这样就好了）。而且，这样想的话，我们就无法促进责任感和公平性的发展，同时也抑制了我们的进化能力。

令人沮丧的家庭晚餐就是如此：无论你父亲多么不理智，你也没有任何证据或证明可以挑战他深入骨髓的

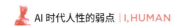

价值观或核心信念，而且他肯定会用他的事实来反驳你

提出的事实。这就是我们这个时代的莫大讽刺。

我们获得的数据和信息越多，就越容易曲解或有意筛选那些能巩固自己信念的数据。不同国家或领导人正是以这种方式对新冠疫情数据做出了截然不同的解读，有些领导人称"这就像一场流感"，而有些领导人就新冠疫情对经济、房地产市场和民众心理健康的影响作出了不准确的预测。

如果我们真的想变得更理性、更包容、更少偏见，就应该以更开放的心态去接受或至少尝试去理解别人的信念。试图控制别人的思想或观念是没用的，相反，我们应该努力以充满爱或至少礼貌的方式行事。如果我们不记仇，也不太可能恨自己。研究表明，即使我们强迫自己以亲社会或善良的方式对待他人，也会对我们的情绪和自我观念产生积极影响，使我们心胸更开阔，这种随机的善举也能够增强我们的同理心和无私精神。

善良促使我们重新构思自我认知，重新构建自我观念，让我们以更高的道德标准和理想来要求自己。所以，即使我们向慈善机构捐款的初衷是为了表现自己对别人的慷慨，但最终我们会把自己视为好人，这反过来就会促使我们未来表现得更好。尽管大多数数字"回音室"系统，尤其是社交媒体会培养人们对自己行为作出冲动反应，从而导致大量的敌意、恶意攻击和欺凌，但相比于线下，线上更容易展示善意和体贴。

与面对面互动相比，我们在线上进行交流时，停顿、反思和练习自我控制的机会要多得多，而且激励措施也更强，因为我们在线上做的所有事情都将被永久记录和给别人留下印象，"整个世界都在看着你"。因此，你所要做的事情就是不要轻易做出反应或回应，直到你想说一些积极的事情。我知道，这说起来容易，做起来难。

为什么人工智能在评估面试者时会不公平？

有意思的是，人工智能也许能在改变"偏见"这件事上帮助我们。人工智能最大的潜在用途之一就是减少人类在决策中的偏见，而这似乎是现代社会真正感兴趣的事情。

经过成功训练后，人工智能被用来做人类通常难以做到的事情，即采纳不同观点以及从不同角度进行辩论，包括在法律案件中采纳自相矛盾的观点或研究反驳对手的论点。总的来说，你可以把人工智能视为一种模式侦测机制，一种可以识别因果关系以及输入和输出之间关系的工具。此外，与人类智能不同的是，人工智能没有利益关系。根据定义，人工智能是中立、无偏见和客观的，这个特征使其成为一种暴露偏见的强大武器。这是人工智能的一大关键优势，却很少被人们提及。以下我举几个例子。

例 1：某个在线约会网站拥有数百万用户，这些用户把自己的约会偏好和性偏好提供给网站，从而不断训练算法来预测自己的偏好，让人工智能来发现大多数男人（无论是否是异性恋）和大多数女人（无论是否是异性恋）通常选择哪些"最理想的"择偶条件。在这个过程中，人工智能改进了推荐方式，这样用户就可以花更少的时间来选择潜在的约会对象或伴侣。

例 2：某个在线搜索引擎为人们提供新闻和电影等内容。该引擎利用人工智能根据人口统计学或其他偏好特征方面等信息，向相似的用户推送相似的内容，以此来检测观众的偏好。人工智能能快速学习，所以这个搜索引擎很快就能高效地为人们提供他们最可能消费和最无法抗拒的内容。

例 3：有一家公司广受求职者欢迎，每年都有数以百万计的求职者向该公司申请工作。该公司利用人工智能将求职者与公司员工的特点进行对比，在求职者、在职员工或过去表现优异的员工中找到高度相似之处。从本质上讲，求职者越像那些曾取得优秀业绩的老员工，则该求职者被选中的可能性就越高。

这很好，但问题就在这里。人工智能和机器系统的好坏取决于输入数据，如果我们输入的数据是有偏见的或肮脏的，那么输出的内容，即根据算法得出的决定也必定是存在偏见的。更糟糕的是，在某些情况下，包括执行数据密集型技术任务时，我们对人工智能的信任超过了对人类的信任。在某些情况下，这可能是一种合理的反应。但如果一个系统做出的决定有失偏颇，而我们又盲目相信其结果，那么问题就显而易见了。

当然，这也就凸显出人工智能在消除人类世界偏见方面的最大潜力了。回想我上面举过的例子。

例 1 中，如果企业不使用人工智能或算法向用户推荐在线约会对象，那他们的偏好可能仍存在偏见，例如喜欢与自己同样种族、年龄、国籍、社会经济地位、魅力甚至身高的人。

例 2 中，"给人们想看到和听到的在线内容"的唯一替代选项就是把他们不想要的东西强塞给他们，这是广告和媒体定位道德意识的一种进化；但对于以赢利为目的的公司来说，这也许不是最佳生存方式。

例 3 中，就算该公司不再使用人工智能来选择和招募符合特定模式的候选人，比如中年白人男性工程师，也无法阻止符合这些要求的人在未来取得成功。

如果偏见因为你使用人工智能而消失，那你就能看到偏见真正存在的地方——是现实世界、人类社会，还是通过使用人工智能而暴露出偏见的系统中。我们只要明白并愿意承认一点：这种偏见并非人工智能的产物，只不过它被人工智能暴露出来而已。

请思考这两个场景：

1. 公司的一名经理有种族主义偏见，为减轻这种偏见对人员招聘工作带来的影响，他可以在面试中根据算法评分来决定人选，并使用人工智能挑选面试中出现的重要线索，以预测候选人未来的工作表现，而忽略他们的种族（人类不可能做到这点，因为这是一种理想化场景。当然，在理想的世界里，企业不会聘用这种有种族主义偏见的经理）。

2. 想象一名没有种族主义偏见的经理可能会采用某种算法，根据候选人的学历证明、以往工作经验或晋升可能性使求职者的筛选过程自动化。这听起来像是最佳方案，但也可能存在很大问题。因为任何人工智能系统或算法在学习之前，都需要获取包括标签在内的数据集，比如"癌症"或"非癌症"，"树木"或"交通灯"，以及"小松饼"或"吉娃娃"。但是，当这些标签是人类主观看法的产物时，比如"好员工"和"坏员工"，人工智能就会学到我们的偏见。在这种情况下，使用算法可能会对少数族裔应聘者产生不利影响，促使这位经理无意中做出有种族主义倾向的选择；更糟糕的是，他们会认为自己的决定是客观的。

事实上，这就是人工智能过去失败的原因，即通过污染训练数据集或根据不公平的、有缺陷的、不道德的历史决策来做出"客观"的决定。因此，当微软试图利用推特聊天机器人来吸引千禧一代时，人类推特用户就迅速训练它使用肮脏的语言并发布带有种族主义和性别歧视色彩的推文——不用猜都知道，这些坏习惯都是从哪里学的，这是一场人类智能与人工智能之间的斗争。

人类让聊天机器人做一些反社会、性别歧视和种族歧视的事情，这个事实无法证明人工智能的黑暗面，却充分说明了人类心理的黑暗面。如果看完这段话后，你就去查看微软聊天机器人 Tay 发布的种族主义和性别歧视推文，那这个规则对你也相当有效。同样的，亚马逊决定放弃其负责招聘的人工智能，就是因为它在推荐空缺职位时，更倾向于男性应聘者，而不是女性应聘者。显然，即便消灭了人工智能，也无法自动掩盖成功的男性程序员数量大于女性程序员这一事实。

● I, HUMAN ○

算法对于暴露某个系统、组织或社会的偏见是不可或缺的，可正因为算法善于复制人类偏好或决策方式，就被贴上了"偏见"、"种族主义"或"性别歧视"的标签，饱受抨击。

因此，大多数著名的人工智能恐怖故事，或将人类决策转移到机器上的尝试，都类似于"掩耳盗铃"。如果人工智能能够向人类展示他们不想听但不得不听的东西，让人类变得更加开明，那它肯定会做这件事。

如果我是一名持新保守主义观念的自由论者，人工智能可以向我展示与社会主义或左翼进步主义的相关内容，以强化我对左翼的同情或改变我的政治倾向。如果我听音乐的习惯表现出典型的中年白人偏好，且人工智能可以让我接触到年轻时尚的城市黑人音乐，那它就可以系统地改变我的音乐品味。如果人工智能向招聘经理推荐的应聘者与他们过去招聘的员工截然不同，并且能够改变招聘经理的偏好，那我们要谈论的就不是开明或有道德的人工智能，而是开明或有道德的、智能的、好奇的人类，反之亦然。这就是我们生活的真实世界。

未来会如何，很大程度上取决于我们人类如何理解我们对人工智能的要求。如果我们要求算法复制现状，并且将精英主义或无偏见幻想与政治、裙带关系、偏见或有倾向性的力量结合起来，那么人工智能的主要贡献将是驳斥我们所拥有的东西是公平、公正和精英主义的。相反，如果有道德和有能力的人参与到审查、管理和清理人工智能训练数据的过程中，那就有很大机会把人工智能用作诊断和暴露偏见的工具，并真正克服这些偏见。这就是人工智能的自相矛盾之处。

目前，人类至少仍在很大程度上处于掌控地位。也就是说，在使用或不使用人工智能做什么方面，还是人类说了算。当人工智能所推荐的决定、行为和选择，例如看某部电影、聘请某个人、去某家餐厅吃饭、买某双帆布鞋等不同于人类的直觉偏好时，大众都是表示反对的。当人工智能与我们的偏好保持一致，同时又暴露这些偏好的黑暗面时，我们就立刻指责人工智能勾起了我们内心的邪恶，而不是承认人类自身存在偏见。

人工智能本可以成为科技史上最大的现实检验武器，但我们却把它当作扭曲现实的工具。

没人点击"不喜欢"：永远看不见的真实反馈

我们只相信我们想相信的东西。为什么呢？因为错觉让人感到舒适。它们用一种抚慰人心的、符合我们宽宏大量的自我认知的方式替代令人不快的现实。

为了抗衡自我妄想，我们不能对自己的观点、看法和知识太过自信。提问比拥有答案更重要。史蒂芬·霍金曾说过一句名言："知识的最大敌人不是无知，而是错误地认为自己已经掌握了知识。"

我们还要乐于接受来自他人的反馈，这些反馈可缩小我们对自身看法和他人对我们看法之间的差距。但这是一项艰巨的任务，因为人工智能时代已经将信息反馈弱化成一种毫无意义的、重复的、半自动的仪式，从而产生积极的反馈回路。例如，当我们在脸书、Snapchat、抖音、推特或 Instagram 上发布内容时，获赞并不是件难事，因为给某个内容点赞只需花费相对较少的精力和金钱。即使反馈是假的，大多数人也喜欢点赞，而且双方可能会相互受益。在领英发展的早期，有些人长期让他人为自己背书，然后进行互惠，因此这些背书更多的是在介绍你的朋友，而非你的技能或才能。然而，这也使得反馈的作用大打折扣。

脸书花了十多年的时间，才最终决定新添了"不喜欢"按键，但马克·扎克伯格（Mark Zuckerberg）将它描述为一种表达"同理心"的功能。相对于积极反馈功能，这个功能几乎没有被使用。无论我们发布什么内容，人们要么喜欢它，要么忽略它，但他们可能不会"不喜欢"它。我们可能没有从别人那里得到任何真正的反馈，而且正接受大量虚假的积极反馈。

人工智能还鼓励我们忽略极少数关键或诚实的反馈。想想看，有一种工作或角色叫"领导者"，职责就是帮助他人获得建设性反馈。研究表明，管理者很难向员工提出与之工作表现相关的消极反馈。正因为如此，当员工没有获得晋升或奖金甚至被解雇时，通常会感到无比惊讶。另外，管理者和领导者天生会忽视消极反馈，因为他们不善于自我批评，而是更喜欢溜须拍马的下属。领导者能力越差，就越希望别人奉承他。

所以，我们会听到有人说"我们不应担心别人对我们的看法""如果我们认为自己很优秀，那我们可能就是很优秀"。我们是自己心目中的英雄。人工智能时代把我们都变成迷你版本的金·卡戴珊（Kim）和坎耶（Kanye）。我们都可以创建"回音室"，在这个"房间"里，就连我们最琐碎的和毫无意义的话都被人们赞美和颂扬。事实上，"回音室"鼓励我们以自我为中心的方式行事，展示我们任性的自我痴迷，并沉迷于不恰当的自我表露。获得粉丝和追随者的最佳方式就是成为你自己的最大粉丝。甚至连我们的父母都没有这么看重我们，尽管他们肯定要为我们的自我膨胀承担一部分责任。

学术研究表明，那些善于人际交往、自我认知准确的人，往往会将别人的观点融入他们的自我意识中，而这与我们"坚持自我、忽视人们对我的看法"这一观点背道而驰。在战略和政治层面，用精明的方式展示自我的能力确实对我们取得成功至关重要。有些人认为"不要太担心别人对你的看法"，信奉这种观念的人很少会被别人积极看待。学术评论强调，成功人士非常担心自己的声誉受损，他们很想以一种社会能够接受的方式来描绘自己。

当我们享受与同事和客户面对面开会的难得乐趣时，我们允许其他人根据我们在三维空间中的物理存在来获得对我们的印象，包括握手以及我们聊天的声音。正如作家埃丽卡·德旺（Erica Dhawan）在《数字肢体语言》（*Digital Body Language*）中剖析的那样，我们在三维空间中的物理存在大部分被复制到了虚拟空间当中。问题在于，这种替代方式并不有趣。

尽管自我意识是个人有效发展的必要驱动力，但这还不够。一个人完全有可能提高了自我意识，加深了对自己的理解，但仍然不会有进步。

被放大的人性之恶

关于人工智能的讨论大多围绕道德问题展开，最常见的假设就是机器要么成为与人类为敌的邪恶力量，比如它们不遵守道德原则或道德败坏；要么复制人类最坏的性格特点。二者选其一的话，后者倒是最有可能出现的。

这些担忧往往源于以下假设：人类以自身道德准则为基础

创造出了人工智能，因此，它天生就行为不端或者会做错事。然而，人类的本性不是只有作恶这一项，我们也有善的特征，既然人工智能可以选择模仿人类行为的部分元素，那人工智能至少有能力重塑人类仁慈或道德的行为，甚至完善这些行为。

除非按照人类设定的标准加以评判，否则机器的行为就称不上道德或不道德，这就是人工智能道德问题复杂的原因。从这个意义上讲，评判人工智能的品德与评判狗的品德没什么不同（这是一种拟人化的投射），除非我们的目的是通过评判狗的品德来判断狗主人的品德。人类将某种道德感投射到自己和他人的行为上，包括机器。所以，当我们研究机器做出的决定时，如果我们在道德或伦理上不赞同它们，说它们不"符合"我们人类的价值观，那么我们主要是在评判为机器编写程序的人。

伦理问题总是会回到人类身上，即使这种行为像是由机器自动产生的，或者是由那些模仿人类的机器无意中学到的一连串错误造成的。任何伦理准则的基础本质上都是人类的，因为我们总是从人类的角度来审视事物。

从这个意义上讲，那些人工智能因人类干扰其目标而灭绝人类的恐怖故事与其说是不道德或邪恶的，倒不如说是人工智能思想单纯。例如，假设我们为人工智能编程，以尽可能多地生产回形针，而人工智能通过学习得知，为实现这一目标，它必须控制一系列资源和组件，这会导致人类灭绝，甚至因为人类干扰其实现目标而直接消灭人类。要说这是人工智能对人类缺乏同理心或道德层面的同情心，不如说是它的超能力，如果它真的有超能力的话。

从伦理角度来看，人类做过最坏的事情也许是因为某些动物很美味或者是极佳的狩猎战利品而导致其灭绝；或者是摧毁地球，因为我们喜欢坐飞机去参加面对面的商务会议或用空调来给我们的办公室降温。

当我们的任务是设计机器或给机器编程，以大规模复制或再现人类决策时，风险就更大了。不过这里需要强调的是，人工智能就像你家宠物狗一样，不存在道德或不道德之说。你可以奖励狗狗，比如当它耐心地等待你喂它饼干；你也可以惩罚狗狗，比如当它在你的客厅里撒尿。但是，当狗狗违反了我们教给它的规则时，我们都不太可能指责狗狗不道德。如果我们训练狗狗攻击白人或女性，那不道德的肯定不是狗。如果你更喜欢养一只机器狗，比如索尼公司推出的 Aibo 机器狗，那你可以期待它在开箱后就会有某些预编程的行为。但除了这些出厂预设的行为外，它还将学会适应你的个人道德规范，从而吸收你的道德标准。

同理，**任何技术都可以用于好的或坏的用途，这取决于人类的意图和道德，以及我们用来判断这些意图的道德规范。** 在具有启示意义的"回形针问题"中，悲剧结果是由不可预见的编程后果造成的，这更多地说明了人类的愚蠢，而不是人类的道德，更不用说人工智能了。

个人基因组和生物技术公司 23andMe 可以将人类唾液转化为基因遗传倾向和医学图谱。虽然对很多人来说，基因图谱分析听起来相当可怕和令人厌恶，尤其是因为它与纳粹优生学[①]或种族清洗有关。但现实是，这种技术的潜在应用场景很多，而这些场景可能因其在别人眼中的道德观念而有所不同。

在伦理或道德的层面，我们可以考虑个性化医疗来有效治疗高遗传性疾病。特别要提到的是，23andMe 所采用的单核苷酸多态性基因分型（single nucleotide polymorphism genotyping）技术可对 1% 罕见疾病（约 99% 源自遗传）的患者进行高度定制的靶向治疗。

---

① 由纳粹德国提出的一种优生学说，是纳粹主义理论的一种。该学说认为要通过人工选择筛选出符合"北欧人种"/"雅利安人种"特征的人群并借此来提高德国人的人口素质。

　　还有个问题也许不那么涉及伦理，但未必不道德，那就是将个人基因组应用于汽车保险行业，他们根据用户的性格或个性来定制保单。例如，责任心、自控力和鲁莽冒险行为等个性部分在一定程度上是遗传的，它们也预示着个体在驾驶风格和表现方面的差异。相比于男性，女性造成的道路事故较少，而且投保金额应该更低，因为从性格的角度来看，她们大多更有责任心，也没有男性那么鲁莽。反对任何类型的概率细分或随机个性化只意味着更注意安全的司机最终要为那些鲁莽司机的行为买单，这可以说是不公平的。此外，由于个性只影响驾驶模式，而非决定驾驶模式，因此，只要给予司机反馈，让他们更了解自己的个性，就可以帮助他们调整自己的行为，纠正坏习惯和抑制冒险倾向。我们还可以用人工智能测试人们的驾驶水平，尤其当他们的默认倾向有所改善时，这就能取代之前的基因预测，这不仅可以提高公平性，而且能提高准确性。

　　即使针对有争议的人工智能应用，我们也可以重新调整，以完成略微不同的目标，改善其伦理层面的影响。例如，脸书的某个算法经过训练后，用于检测那些因其偏好数据和个人行为模式而被视为政治取向未定的人群。此时，人工智能的目标可能是告知、误导或推动这些人为某个候选人投票或让他们保持未作决定的状态。这些潜在选民受到假新闻的轰炸，或者剑桥分析公司[①]（Cambridge Analytica）提供的额外"舆论导向专家"服务，比如用挪用公款、贿赂和嫖娼来构陷政治人物，这些手段与人工智能无关，但这并不意味着该公司很有道德。同样，如果脸书向其他方出售或收集个人数据的做法违反了某些数据保密或匿名法规，则现有法律法规可通过惩罚人类而非惩罚算法来解决这个问题。简而言之，无论脸书、23andMe还是剑桥分析公司，算法能做的最多就是识别数据中的模式，比如：做 X 或拥有 X 的人更有可能做 Y 或拥有 Y，而不判断这是否会使他们成为好人或坏人。

能肯定的是，用于数字政治定位的人工智能工具在政治上比瑞士更中立。即使人工智能在 2016 年英国脱欧全民公投和特朗普竞选总统中发挥着决定性的作用，但已投入使用的算法并不真正关心英国脱欧或特朗普，因为它们没有真正理解这两件事的意义，或许就像许多投票支持或反对这些结果的人类一样。

2016 年英国脱欧公投和美国总统大选被指控受到数字或算法干预，人们反应强烈，此事成为一桩丑闻，发展成这样的部分原因在于批评人士对结果的蔑视，因为他们认为英国脱欧和

---

① 一家政治咨询公司，该公司被披露盗用 8 700 万 Facebook 用户数据用于支持特朗普竞选美国总统。

特朗普是民主选举中伦理道德程度较低的结果。作为拥有英国和美国双重国籍的人，我自己就是那个自由主义群体的一员，但我接受这样一个事实，即在两次选举中，大约有 50% 的选民可能与我的观点相左。

与任何人工智能应用一样，算法的确构成了威胁。如果我们利用技术将不公平或不道德的过程标准化或自动化，那么不平等现象就算没有自动化，也肯定会加剧。当某个人因为信用评分不符合某些标准而得不到银行贷款时，或者当保险算法因为计算过程中的概率错误而使被保险人得不到保护时，就会发生这种情况。

如果我们一开始就不理解"道德"的含义，那就很难成为"有道德"的人，尤其是当你不理解何为"不道德"或"不符合伦理"的时候。对伦理问题的讨论往往被默认为法律问题，而作为道德的指南针，法律显然是相当不完善的。

1973 年之前，同性恋在美国被列为一种精神疾病；而奴隶制直到 1865 年才被废除。在 20 世纪 50 年代，白人把自家房子卖给黑人是一种违法行为，正如美国前总统罗纳德·里根（Ronald Reagan）所指出的那样，"就个人而言，我可以把我的房子卖给任何人，只要你喜欢这房子，就可以把它买下来。当人们可以自由决定把房子卖给谁的时候，才有自由可言"。这种做法合乎道德吗？以里根的标准来看，这也许并非完全不道德。

要衡量我们的行为是否合乎道德，一个简单标准就是康德曾说过的一句铿锵有力的名言：如果每个人的行为都像你一样，世界会变成什么样？它会是更好还是更坏？它会在透明国际[①]（Transparency International）的星际评级中上升还是下降？

伦理是一个复杂的话题，要决定谁是谁非，没有任何捷径可走，除了展开一场艰难且可能毫无成果的辩论，其结果最多是陷入宗教、意识形态或文化差异的死胡同，我们称之为"道德信念"。但是，要改善人类文明中的公平和福祉，唯一希望就是就某些基本要求（参数）达成一致，为道德、法律和文化行动准则奠定基础。伦理学是一种治理框架，能够使某个社会比其他社会更有吸引力、更小危害性。

---

① 一个非政府、非营利、国际性的民间组织。"透明国际"于 1993 年由德国人彼得·艾根创办，总部设在德国柏林，以推动全球反腐败运动为己任，已成为对腐败问题研究得最权威、最全面和最准确的国际性非政府组织，已在 90 多个国家成立了分会。它的研究结果经常被其他权威国际机构反复引用。

● I, HUMAN ○

　　如果要衡量一个社会的伦理程度，我
们可以研究其最贫穷和话语权最少的社会
成员拥有哪些福祉。

　　在一个社会中，如果出生在贫困家庭的人几乎没有变富有
的可能性，那就必须从伦理的角度质疑这个社会。同理，在一
个社会中，如果拥有地位和特权的富人滥用权力且能控制机制，
那么这个社会也必须受到道德审查。正如佩特拉·科斯塔（Petra
Costa）所指出的那样，除非富人感觉受到穷人的某种威胁，否
则的话，民主很难正常发挥作用。

你的偏见严重吗？

每符合一条描述加 1 分，然后得出总分。

序号	问题描述	得分
1	我很少对事物有不确定感。	
2	我是一个非此即彼的人。	
3	我会尽力快速做决定。	
4	我是一个极其依赖直觉的人。	
5	我的大部分朋友跟我有同样的政治倾向。	
6	也许我心存一些偏见，但与常人相比，我的偏见没那么严重。	
7	我可以像读书一样读懂人心。	
8	我从来不受假新闻影响。	

序号	问题描述	得分
9	我的决策过程往往是理性的。	
10	与价值观相同的人共事很重要。	
总分		

0～3分：面对这个时代普遍存在的偏见和无处不在的现实扭曲，你已经大部分免疫了，或者你已经成功地欺骗了自己，觉得自己的思想非常开明。

4～6分：你可以觉得自己是普通人，且可塑性很强，既可以变得很有偏见，也可以变得不那么有偏见。

7～10分：你是社交媒体平台的完美客户，也是人工智能时代的文化象征。如果这个高分让你感到惊讶，那上述判断就更准了。

AI 时代人性的弱点

I, HUMAN

I,HUMAN

AI, AUTOMATION AND THE QUEST TO
RECLAIM WHAT MAKES US UNIQUE

第 5 章

日渐放大的自恋

在最初的神话版本中，那喀索斯（Narcissus）是一名英俊但感情冷淡和浮夸的年轻人，他因为拒绝爱任何人而受到了爱神阿芙洛狄忒（Aphrodite）的惩罚。爱神诅咒他只能爱自己，最后，在湖边欣赏自己的倒影时溺水而死。

这个故事的寓意是什么？爱自己是正常的，但如果你太爱自己，就不会对别人感兴趣。作为社会的一员，这会削弱你适应社会的能力。

科研人员研究了数字技术对人类行为的影响，包括技术与自恋之间的关系。自恋是一种心理特征，指人们对自身的重要性和独特性有一种不切实际的夸大感。这种心理特征往往会削弱人们忍受批评、关心他人并准确地解读现实的能力，尤其是对自身的能力、成就和失败的解读。根据精神病学诊断结果，全世界只有2%到5%的人口符合病理或临床自恋的医学标准。

现在，人工智能时代让自恋常态化了，因为人工智能将我们自负和自我迷恋的天性公开展示合法化。从这个意义上讲，我们都是数字自恋者，或至少在上网时被迫表现得像自恋者。

一个社交平台就能让人感觉成名在望

一百多年来，很多著名作家和社会学家告诫人们：我们生活在一个自恋的时代，自恋已成为流行病，年轻一代只能被描述为"以自我为中心的一代"。对于过去几代人来说，这些说法很容易被视为危言耸听，但有证据表明，自恋正在兴起。

美国心理学家吉恩·特文格（Jean Twenge）经过科学验证的临床自恋测量方法测量，追踪了自恋的代际变化。调查提出的问题之一是：**人们是否认为自己注定会成名？**

20 世纪 20 年代，只有 20% 的美国人给出了肯定的答案；

20 世纪 50 年代，这一数字上升到了 40%；

20 世纪 80 年代，上升到了 50%；

> 到了 21 世纪初，该比例已飙升至 80%。
>
> 这表明，一个在 20 世纪 50 年代被认为自恋的人，按今天的标准来看是十分谦虚和低调的。同理，到了 2050 年，我们回首过往，可能会觉得像埃隆·马斯克、金·卡戴珊和克里斯蒂亚诺·罗纳尔多（Cristiano Ronaldo）这样的人也相当内敛和低调。

自恋无论表现为临床还是亚临床形式（即症状较轻、有适应性和更加普遍的自恋形式），我们都可以将其理解为人们对自我提升的极端追求。从某种意义上讲，自恋者所做的一切事情都出于一种强烈的愿望，即夸大自我价值感，满足他们的自尊心，并非常爱惜他们对自己的高评价。

自恋者往往将自己与失意之人进行比较，以验证自我认知，倾向于以一种不切实际的积极方式评估自身天赋，比如其工作表现、吸引力、领导潜力、智力等，尤其喜欢与其他人对这些东西的评价进行比较。

自恋的一个重要方面是过高的自我表现欲望，其特征是自我专注、虚荣和自我推销的冲动，这种表现欲尤其适合现在这个把人际关系几乎完全转移到数字环境的世界。自恋者比任何人都更强烈地觉得自己要成为万众瞩目的焦点，为此，他们甚至不惜做出一些不适宜的、令人尴尬的或古怪的人际行为。

大多数关于数字自恋的研究侧重于相关性，而非因果关系，但有证据表明，自恋和使用社交媒体之间存在双向联系。换句话说，你越自恋，你使用社交媒体的频率就越高，而频繁使用社交媒体又会反过来让你变得更自恋。此外，实验研究和纵向研究不同于相关研究，它们可以检测出因果关系。这些研究表明，社交媒体网站确实夸大了人们的自我评价。

人工智能时代给我们提供了一个安全缓冲，让我们可以放心地寻找和寻求赞美，不必担心被别人拒绝，不过，这需要夸大其词地自我宣传，怀着对真实的自己的羞愧之情，假装别人真的相信他们看到的是真实的自己。

我们从其他人那里得到的反馈强化了这样一种观念，即我们的公众形象在某种程度上是真实的或真诚的，这使得我们与真实的自我渐行渐远。与此同时，社交媒体口口声声说"真实"，好像真的鼓励我们以自然或无拘无束的方式行事，而不是精心策划我们的网络形象。美国小说家库尔特·冯内古特（Kurt Vonnegut）曾指出，"我们就是自己伪装出来的样子，所以，我们必须当心披上伪装的自己"。

在人工智能时代，我们的数字伪装已经成为最具象征意义的自我，其最普遍的特征就是自恋。如果我们不自恋，我们也会假装自恋。

当然，我们不能把错完全归咎于社交媒体。毕竟，如果一个物种不为自己着迷，那么推动人工智能时代的技术平台、系统和创新从一开始就不会存在。如果不是因为我们持续的自我专注，人工智能将会缺乏数据，而没有数据的人工智能犹如没有声音的音乐、没有互联网的社交媒体，或者没有观众的寻求关注之人。

幸运的是，人工智能和所有受益于人工智能的人，都不缺乏自我陶醉和以自我为中心的活动，比如晒自拍、分享想法、过分公开的自我披露，以及把自己的情感、观点、态度和信念公之于世，仿佛我们是宇宙的中心，好像他人真的在乎我们。如果分析我们的算法是人类，他们肯定会想，一个如此自恋和缺乏安全感的物种是怎么会走到今天这一步的。

有人做过一项研究，对人的大脑进行扫描，以测量他们在社交媒体上晒出自拍后，对别人的反馈作何反应。研究人员给这些自拍照反馈"点赞"或"不喜欢"，然后记录下受试者在执行具有挑战性的认知任务时所承受的心理压力。得到积极反馈的人所承受的心理压力较小，这表明在社交媒体上获得的认可有助于自恋者缓解被社会排斥的痛苦。

　　我们可能认为问题出在少数病态的社交媒体使用者身上，但我们也必须自省，分析人类自夸的需求。从这个角度来看，社交媒体平台很像赌场。即使你不是一个嗜赌成性的赌徒，但如果你在赌场逗留的时间足够长，也可能会下注或玩几把老虎机。社交媒体也是如此。虽然我们可能会批评那些在 Snapchat、脸书和抖音上表现出自恋倾向的人，但这些平台鼓励我们做出类似行为。

　　正如在赌场逗留再久也不会变得好运或可以连胜一样，社交媒体也不会巩固或提升我们的自我观念。相反，它往往会增加我们的不安全感。

　　社交媒体会创造一种令人肾上腺素飙升的嗡嗡声或虚假的人气和赞赏，这让我们暂时感觉良好——用我们的时间和注意力换取短暂的数字爱情。如此一来，你的亲社会本能可能被算法利用，它让你更容易积累"朋友"，就像亚马逊推荐引擎向你推荐新款帆布鞋一样，你不断产生新的连接。在这个过程中，算法不断提高你的社会地位，就像自恋者寻求扩大或深化他们的人际网络，为的是满足他们的虚荣心和自尊心，而不是因为对别人真正产生了兴趣。因此，社交媒体的"社交"与现实世界的反社会相似。

如果人们被迫在有自拍功能的手机和传统相机功能的手机之间做出选择，那肯定是前者的销量会超过后者。自拍是人工智能时代的主流摄影形式，据估计，全球每周都有 1 人因自拍而意外死亡，例如被车撞死、被暴徒攻击、从屋顶摔下来等。但在摄影发展的整个过程中，自画像是个例外，而非常态。

当然，委拉斯开兹①（Velázquez）、伦勃朗（Rembrandt）、凡·高（Van Gogh）和莫迪利亚尼（Modigliani）等著名视觉艺术家确实画过自画像，但他们普遍对自己未涉及的世上其他事情更感兴趣。如果他们今天还活着，他们会把自己的大部分时间花在社交媒体上晒自拍照，这对那些认为技术进步等同于文化进步或进化的人来说可不是什么好兆头。

数字世界鼓励人们做一些在现实世界中永远不会做的行为。在现实世界中，如果你一直和别人谈论自己并分享你所做的一切，毫无顾忌，也不过滤任何信息，别人就会找借口离开。除非你是他们的老板，否则对方就会暗示你，你的做法令人讨厌。

---

① 文艺复兴后期西班牙著名画家。

但在脸书或其他社交媒体平台上，最坏的情况也不过是人们不理你，而且也不会有人真正注意到这一点。更有可能发生的情形是，人们至少会假装喜欢你做的事情。在算法的帮助下，你无耻的自我宣传和不得体的自我表露就这样再次强化。

从本质上讲，参与度衡量指标以及加长用户使用时长的算法都是以自我为中心的，你可以把它们看作自恋的推动力。因此，平台鼓励我们分享内容和想法，以获得他人的认可，而我们就为了对他人产生影响，永远夸夸其谈、矫揉造作，就像一个没有安全感的自大狂，贪婪地期盼别人的认可。这种做法自然而然地衍生出一个后果，就是被定义为"广播陶醉"（broadcast intoxication）的心理现象，"当一个人在社交媒体上通过他人的评论和反应来体验其自尊和社会价值的各个方面时"，就会产生这种现象。

虽然爱自己没有客观的社会优势，但这样做显然是值得的，毕竟爱自己更令人愉快。但从进化的角度来看，健康的自尊应该是一个人社会价值或声誉的准确体现，它标志着他人是否接受、重视或欣赏我们。我们的自尊已然进化，它会告诉我们何时及如何改变自己的行为才能在生活中做得更好。

例如，如果我在学校的考试中得了低分，或者无法得到我非常想要的工作，又或者女朋友和我分手，我的自尊心受到了伤害，那我就会有很多从这些挫折中振作起来并修复自尊心"伤口"的机会，但这需要我从一开始就接受这些挫折。如果我的第一反应是拒绝接受这些失败，那这些机会就不太可能出现。

社交媒体的点赞和其他假的正面反馈带来了大量增强自尊心的信号，让我缺少负面反馈，活在"我所做一切都很好"的假象中。每当这时候，我的自我观念就很容易扭曲，变得相当沉迷于这些自我增强的心理润滑剂。

派头十足且脑袋空空的人更容易出名

人类总是渴望得到别人的欣赏，这不仅是造成世人虚荣和追求权力的主要原因，也是人类文明得以产生和进步的原因。

文化的演进是少数伟人自负的动机和顽固的虚荣心推动的，他们在推动变革、创新和制度改进方面承担着不成比例的责任，而这些举措重塑并改善了我们的世界。美第奇家族（Medicis）和范德比尔特家族（Vanderbilts）没有推特，但我们也不能说他们的自尊心和对别人认可的需求小于埃隆·马斯克和比尔·盖茨。人类在任何领域的进步和创新都不仅是伟人的成就，也是他们信仰情结的物质体现。

然而，从传统意义上讲，取得卓越成就的人不仅要有未得到满足的虚荣心和优越感，还要有更多天赋、才华和勇气，更不用说为了有效管理他人使其成为一个高绩效团队的自控能力。无论你怎么看待教堂、交响乐和百年企业，它们很少是纯粹自恋的产物，其自恋色彩都被努力工作、能力和领导才能所淡化。所有这些元素结合在一起，才构成了人类非凡成就的基础算法，这也是为什么过去的洛克菲勒家族（Rockefellers）和卡耐基家族（Carnegies）以及如今的贝佐斯和马斯克有某种自恋意义的信仰情结，却仍给社会带来大量创新，提高了人们的生活质量，让世界变得更好。你可以把这视为一种仁慈的或利他的自恋形式。

然而，过度的自私或贪婪犹如寄生虫，腐蚀了我们作为一个运转良好和有凝聚力的社会单元的集体运作能力。贪婪是造成不平等的主要原因，因为贪婪会让人过度渴求权力、地位和控制权，进而就破坏了民主。当法律或同理心无法约束贪婪时，它就成了人类自我毁灭和毁灭他人的原因，制度和国家因它而失败，不平等现象因它而涌现。

世界从未像今天这样富裕，但也从未像今天这样贪婪。

全世界最富有的 26 个人拥有的财富比世界上最贫穷的 50% 人口所拥有的财富总和还要多，而这 50% 的人口数量多达 40 亿。

归根结底，贪婪是一种欲望，你越想满足它，它就变得越大。正如温斯顿·丘吉尔（Winston Churchill）在希特勒（Hitler）刚上台时所说，"他吃得越多，胃口就越大"。如果社会禁止或谴责贪婪，而不是容忍或赞美它，人们就不易受其毒害。

如果虚荣心好的一面被贪婪所腐蚀，而没有天赋和不付出努力工作，那它就会完全消失。我们钦佩玛丽亚·卡拉斯①（Maria Callas），是因为她令人惊叹的嗓音和气质；我们钦佩委拉斯开兹，是因为他那幅颠覆传统的肖像画；我们钦佩叶卡捷琳娜大帝（Catherine the Great），是因为她的远见卓识和领导能力。

◄ ◄ ◄ *I, Human*

> 从历史上看，我们之所以钦佩别人，是因为钦佩他们的实际成就，并承认这些成就源于某种美德，而不是纯粹的特权与好运。

我们一直都在崇拜名人，但谈到欣赏那些以自恋而出名的人，还是近年来才出现的现象。在人工智能时代，如果你的名声实际源自某些才能或成就，那么，与那些为红而红的"名人"

---

① 著名美籍希腊女高音歌唱家，二十世纪最伟大的歌剧女王之一，被认为是历史上最有影响力的女高音之一，代表作有《乡村骑士》《阿依达》《乔康达》等。

相比，你的名声可能不值一提。与真才实干却朴实无华的人相比，派头十足且脑袋空空反而更吃香。这个道理也同样适用于政治和领导能力。安格拉·默克尔（Angela Merkel）不常有，博索纳罗（Bolsonaro）、约翰逊（Johnson）、奥尔本（Orbán）之类的人物却屡见不鲜。在一个自恋猖獗的时代，名声和成功被置于价值观金字塔的顶端，美德被抛诸脑后。

> 金·卡戴珊的主要成就是成为名人，但她除了一味地进行自我宣传外，并不具备任何明显的才能。还有很多你可能从未听说过的各种网红，比如：一个社交媒体账号叫"和狗一起烹饪"（Cooking with dog）的日本女人，她教人们如何烹饪传统的日本菜，而她的助手是一只狗，帮她把日语翻译成英语；还有一个网红叫"询问殡葬师"（Ask a mortician）倡导西方殡葬业进行改革，其账号涵盖了很多与死亡有关的话题，比如泰坦尼克号遇难者当前的遗体状况，以及我们死后指甲是否会继续生长等。

我们已经把名气变成了一个自我实现的预言，是病毒式的社交媒体内容博眼球的结果。在无情又高效的算法帮助下，这些内容已成为影响他人行为并将其产品化的主要载体。

　　人工智能时代提供了如此多的机制来膨胀自我，所以当我们无法自我膨胀时，就会感到内疚。比如你分享给别人的每一篇推文或帖子都是为了提高自己的声誉，可当你没有立刻得到积极反馈时，你就会感觉自己被别人忽视或拒绝了一样。

　　研究表明，当人们被脸书上的好友删除时，其抑郁和焦虑水平就会增加。我们已经极度依赖社交平台来交朋友，它对我们的重要性不亚于马丁·盖瑞斯（Martin Garrix）在音乐发展过程中或者乔丹·彼得森（Jordan Peterson）在哲学发展过程中扮演的角色，例如整理房间、和关心你的人交朋友、不要撒谎，等等。①

　　虽然渴望被喜欢和接受是社会人的一个基本要求，也是大多数亲社会行为的基础，但过于依赖他人评价，你就会把任何形式的负面反馈都视为世界末日，一旦别人拒绝你，你可能就会患上抑郁症。这种依赖他人的强迫倾向等同于神经质或缺乏安全感的自恋。

---

① 本句提及的人物在其领域并非有很大影响力，举例日常行为也表示这些不会对我们的人生有很大影响，即讽刺社交平台上的互动对人类而言并非十分重要，但人类却深陷其中。——编者注

一个成熟的社会人真的很难"做自己"

虽然过度依赖他人的意见和认可是个大问题，但不重视他人的意见和认可也同样有问题。如果你毫不在乎别人对你的看法，自发地以不受限制、不受约束的方式行事，那么你的行为将是自私的、有害的和反社会的。过于担心别人对你的看法，你就可能变成一个无意识的顺从者，失去独立思考或批判性思考的意识。

为他人着想可能会产生有益于社会的效果。以我本人为例（这章探讨的是自恋，所以我也适当自恋一番）：

> 我写这本书的时候，必须特别注意不要从我自己的角度出发去想问题，而是考虑你——亲爱的读者可能想听我说些什么、我的出版商对什么内容感兴趣以及这个领域的其他专家会如何看待我的想法。

这不是软弱的表现，也不代表着我像绵羊那样盲目顺从或轻信别人，而是有效的人际交流的基本要素。我能否以一种健康的方式与他人相处，完全取决于我是否愿意遵守这些规范和迎合他人的期望。

　　只有在一个高度自恋的世界里，"做自己"才会变成在找工作时的建议，而且这还是最广泛流传的一个建议，好像不用太在乎别人对你的看法就是取得成功的最强公式。这可能是有史以来最有害的职业建议之一，不过既然人们仍然能够找到工作，所以相信还是很多人忽略了这个建议。

　　在职场中，别人，尤其是面试官想看到的是最优秀的你。换言之，你的优秀体现在你的行为上，说别人想听的话，即使这些话不是你的初衷。正如伟大的社会学家欧文·戈夫曼（Erving Goffman）所说，"我们都是试图控制和管理自身公众形象的演员，一举一动都想迎合别人对我们的看法"。遵守社交礼仪、表现出克制和自我控制感、善于自我表达，这将让你找到工作的概率最大化。如果你只顾着做自己，那你可能看起来就像一个娇生惯养、充满优越感和自恋的人。

　　如果你真想过一种无拘无束的生活，就得回到生命的初期，不受父母、家人、朋友、老师和文化等所有的影响。但在这件事上，你不太可能成功，反而可能会成为一个完全被他人排斥、与社会格格不入的人，被你决定忽视的规则边缘化。野蛮或原始行为将成为你的正常行为方式，你可能会忘记语言、礼仪或适应任何社会环境的能力。简而言之，这将与你的正常行为完全背道而驰。此处所说的"正常行为"，是指采取社会可接受或推荐的行为，并遵循群体规范。

如果从较温和宽泛的角度来解读"做自己"，那只是鼓励我们解除社交抑制，以一种未经过滤的、无约束的和无意识的方式处理每一种状况，尤其是重要的状况，就像我们在有密友或亲戚陪伴时那样。

例如，如果你去求职面试，很可能想如实地回答每个问题。如果你参加一场重要的客户会议，你也许会畅所欲言，即使要把对产品或对客户的真实看法说出来。如果你的同事问你："你见到他们是否觉得开心？"，你可以非常坦率地告诉他们："和他们打交道让我很痛苦"，等等。同样地，当你去约会时，你可以暴露自己最坏的习惯，如果他们真的喜欢你，就会喜欢最真实的你，包括你身上真实的缺点。还有些人甚至会钦佩或欣赏你的缺点，只要它们是真实的；而相比之下，你伪装出来的美德没什么价值，因为它们无法体现出我们自然或真实的自我。尽管这种版本的"做自己"更容易实现，但它也更容易产生相反效果。

杰弗瑞·菲佛（Jeffrey Pfeffer）在其著作《领导力BS》（*Leadership BS*）中指出，表现出自己的"真实"情感，"恰恰不是领导者必须做的事情"。鼓励领导者无拘无束

> 行事，不在意别人的看法，坦诚地对待自己，这种建议不仅毫无依据，而且很可能是领导者在团队和组织中造成问题的主要原因。
>
> 最好和最有效的领导力训练侧重于帮助领导者抑制其无意识和真实的倾向，转而发展出一套有效的行为习惯，用更体贴的、更亲社会和更有控制的行为来取代这些自然或默认的习惯。

领导力训练在很大程度上是为了劝诫领导者不要表达真实的自我。如果你能成为一个更好的自己，那为什么还要做现在的自己？你可以停下来思考，并以一种更高效的方式行事，为什么还要随心所欲地做事呢？没有哪个领导者能够做自己，他们要对他人产生最积极的影响，而这往往需要深思熟虑、关注和管理自身行为，包括在必要时抑制自己的本能。

人就是一个习惯印象管理和欺骗的物种，无论是现代的洛杉矶，还是维多利亚时代的英格兰或 20 世纪的一流都市维也纳，任何社会的实际规范都是装出来的，但大多数人竟然对这样的事实反感，还觉得有悖道德。这种反应真是令人困惑，不过这种反应本身就证明了印象管理无处不在的力量。我们已经把印象管理内化到了浑然不觉的地步。

即使真的鼓励以无意识和自然的方式行事，我们要做到这点也并非易事。也许这就是人类天生就会假装的最有力证据。人类天生被预设成在重要的社交环境中会约束、调整和抑制自己。这就是为什么父母会发现自己孩子从小在别人家的孩子面前循规蹈矩，回到家却像换了个人似的。因为我们从小就知道伪装自己的重要性，尤其是在高风险的情形下。因此，如果你是一个已经成熟的社会人，你会发现真的很难"做自己"。

与此同时，我们花大量时间来管理虚拟自我，想用自己的数字身份来取悦他人。我们挑选自己最喜欢的照片，有选择性地把自己成功的部分告诉别人，同时隐藏自己内心最深处的焦虑，并礼貌地庆祝其他人同样虚假和平庸的成就。就像社交媒体上一个流行了很久的笑话——"脸书上的人最快乐，领英上的人最成功，推特上的人最聪明"。

令人欣慰的是，我们不只是人们所看到的那样，这就意味着人工智能顶多只能模仿我们的公众形象，而无法模仿我们真正的样子。话又说回来，人工智能可能像我们的同事一样，对我们真实的自我不感兴趣，只对那个每天以特定方式出现、工作、行动和社交的人感兴趣，它们不管我们内心是什么样子。

为何如此多无能之人成为领导者？

我们的自恋文化已经失控，而基于人工智能的技术不仅极大地受益于这种现象，也加剧了这种失控。如果你认清了这个现状，你就会想，我们究竟怎样才能把事情做得更好、怎样才能摆脱这个无处不在自我膨胀的世界，以及怎样对抗这个以自我为中心的时代。

解决的办法也许就是保持谦逊、了解自身的局限性以及不要高估自己的才华。在个人层面，谦逊能让你拥有更好的声誉，更受别人喜爱。研究表明，当我们发现有些人傲气大于才气时，他们就不那么讨人喜欢了。如果我们在社交媒体互动中记住这条规则，也许就能停止强化自恋行为。

谦逊带来的另一个优势与个人风险管理有关。你越少吹嘘自己的才华，就越有可能避免不必要的风险、错误和失败。高估自己能力的人，才会在准备不足的情况下参加重要的求职面试、客户演示和学业考试。在新冠疫情期间，傲慢的人往往不听从医生建议，做一些"自我毁灭"式活动，并低估吸烟、饮酒、酒驾或拒绝接种疫苗的风险。同样，如果你能准确识别出你所需要的技能和实际拥有的技能之间的差距，你就更有可能发展出新技能。

谦逊也有集体优势。一个重视谦逊的社会，其管理者就不会太差。一般而言，很多自恋者被选为领导人，是因为他们善于欺骗民众，让民众认为他们的自信是能力的表现。著名历史学家威尔·杜兰特（Will Durant）和艾丽尔·杜兰特（Ariel Durant）写道："人类历史只是宇宙中的一瞬间，而历史的第一课就是保持谦逊。"

● I, HUMAN ○

当一个人看起来很有才华，他自己却不觉得时，我们就会认为他是谦逊的。

我的上一本书《为何如此多无能之人成为领导者？》（*Why Do So Many Incompetent Men Become Leaders?*）曾对我自己的研究进行了总结。我在研究中强调，谦逊的品质之所以对领导人非常重要，是因为我们通常不会选谦逊的人作为领导人。讽刺的是，那些自欺欺人、自认为才华横溢甚至相当自恋的人经常被视为领导人选。如果你已经成功地欺骗了自己，那这就是愚弄别人的最佳方式。这就导致我们选的领导人很少会意识到自身的局限性，他们无来由地傲慢，视自己为英雄，不愿为自己的错误承担责任，也不会意识到自身的盲点。

面临危机时，缺乏谦逊品格的领导者尤其容易出问题，因为他们不关注别人的反馈，不尊重别人的专业知识，也不为自己的糟糕决策负责。如果你是领导者，你可以接受自身的局限性，哪怕这是件痛苦的事情，那你未来就有很多机会提升自己，变得更优秀。只有认识到自己的不足，你才能真正开始追求自我完善，这是每个领导者必须做的事情。卓越的领导者永远是"半成品"，那些已经成为"成品"的领导者可能已经没有上升空间了。

我的同事艾米·埃德蒙森（Amy Edmonson）和我争论说，谦逊领导力的最佳指标之一是在你的团队和组织中创造一种心理安全氛围，让你的下属可以随时向你提供负面反馈。你可以尝试问一些正确的问题。不要问下属"我是不是很厉害？"，这无异于怂恿对方赞美你，你应该问"我怎样才能做得更好？""换作你，你会怎么做？""如果让你更改我的演讲（报告或决定），你最想改的是什么？"。当然，当人们给你这些反馈时，你要心存感激，因为这样做并不容易，拍你马屁反而是件更容易的事情。

谦逊的社会、团体、组织、机构和团队等，衰败的可能性不太大，因为我们倡导的是人们的实际才能和努力。在这种环境中，真才实干压倒了华而不实。我们不会提拔那些自视过高的人，而是看重那些努力减少自身错误、问题和缺点，同时保持谦逊态度并力争上游的人。同样重要的是，一个谦逊的社会将会更重视同理心、尊重和体谅他人，因为我们都会同意，一个公平的制度更容易让人们靠自身优点去取得成功。

● I, HUMAN ○

想培养自己谦逊的品质，你只需做一件简单的事情，即多关注负面反馈。

无论我们花多少时间玩抖音，我们都有能力表现得更谦逊。我们也有能力劝他人不要以傲慢、自负的方式行事。不爱虚荣、仔细审视自己的真实才能、欣赏谦逊或能以令人信服的方式假装谦逊的人，这些都是人工智能时代可以改善文化演变的方法。

人工智能时代，谦逊是治愈傲慢和自负的一剂良药。我们也许无法改变我们的文化，但我们至少可以崇尚别人的谦逊行为，自己也谦逊行事，以此来抵制自恋文化的影响。

你有多自恋？

每符合一条描述加 1 分，然后得出总分。

序号	问题描述	得分
1	我喜欢成为人们关注的焦点。	
2	与做个好人相比，我更愿意有钱和出名。	
3	我常常嫉妒成功人士。	
4	当别人批评我时，我很容易生气。	
5	认识我的人都很欣赏我的才华。	
6	我比别人更看好我自己。	
7	我希望身边的人都崇拜我。	
8	我渴望得到别人的认可。	

序号	问题描述	得分
9	我注定要成为伟人。	
10	对我而言，假装谦逊是件很难的事情。	
总分		

0～3分：你是文化异类——最后一个卑微的人类。

4～6分：正常水平，你可以变得更谦逊或不那么谦逊。

7～10分：你是社交媒体平台的完美客户，也是人工智能时代的文化参照物。

AI 时代人性的弱点

I, HUMAN

第 6 章

流程化的创造性

尽管人工智能被贴上了"预测机器人"的标签，但人工智能最引人注目的事情是它正在把我们人类变成可预测的机器。

日常生活中，算法更能预测我们的行为，因为人工智能已将我们的日常生活局限在类似自动化的重复行为中。点击这里、看那里、向下或向上拖动、对焦和取消对焦……通过解读和限制我们的行为范围，人工智能预测的准确性得以提高，而人类作为一个物种的复杂性却降低了。

奇怪的是，人工智能的这一重要方面在很大程度上我们被忽视了。人工智能减少了我们心理体验的多样性、降低了它的丰富性，也缩窄了体验的范围，我们的体验被局限在相当有限的一系列无意义、沉闷和重复的活动中，比如整天盯着屏幕、告诉同事没有开声音、选择表情包或者给邻居的可爱猫咪照片点赞……所有这些活动都会让人工智能更好地预测我们的行为。

我们无休止地对算法进行训练，可这仿佛不足以提升人工智能和大型科技公司的价值，我们还在消除我们历史上特有的知识复杂性和创造性深度，来降低我们自身经验和存在的价值以及意义。

当实现自动化的是我们的人生选择

当算法处理或加工我们的重要决策和人生抉择的数据时，人工智能不仅在预测，还在影响我们的行为，改变我们的行为方式。

人工智能带来的一些数据驱动式变化看起来微不足道，比如推荐你买了一本你永远不会读的书，或让你订阅一个你永远不会看的电视频道，但人工智能带来的一些其他变化可能会改变你的人生，比如你"右滑"时认识了未来的配偶。现在很多人都是从 Tinder 开始或结束婚姻的。研究表明，通过网上约会形成的长期关系比任何其他方式都要多。同样地，当我们使用 Waze[①] 查看从 A 地到 B 地的最佳路线、穿衣服之前查看天气应用程序或使用 Vivino[②] 众包葡萄酒评级时，我们其实就是让人

---

① 一个免费的交通导航类应用。
② Vivino（唯唯诺）是一款集葡萄酒识别、检索、评价、爱好者互动交流社区于一体的实用生活类免费手机应用程序。

工智能充当"生活管家",这样可以减少我们自己的思考,同时提高我们对自身选择的满意度。

不知道怎么写新密码?别担心,人工智能会为你自动生成密码;不想写电子邮件?没问题,人工智能会为你代写邮件。如果你到了一座城市,却不是特别想研究这座城市的地图,也不想学习外语单词或者了解当地的天气模式,那你完全可以依靠人工智能来做这些事情。就像无须再记住别人的电话号码一样,在任何偏远和新奇的地方,只要跟着谷歌地图走,你都能顺利到达。人工智能自动翻译功能可以把任何语言翻译成你常说的语言,所以,何必再学一种语言呢?就像为避免挑选电影的时间多于看电影的时间,唯一的方法就是看奈飞推荐的影片。

通过这种方式,人工智能免除了我们因选择过多而造成的精神痛苦——研究人员称之为"选择悖论"。选择越多,我们越无法作出选择,或无法对选择感到满意,而人工智能很大程度上就是通过为我们做选择来降低复杂性。

纽约大学教授斯科特·加洛韦(Scott Galloway)指出,消费者想要的其实不是更多选择,而是对自己的选择有信心。从逻辑上讲，你拥有的选择越多，你就越没有信心做出正确的选择。

亨利·福特[1]（Henry Ford）曾说过一句名言："顾客可以自由选择任何颜色的汽车，只要它是黑色就行（Customers are free to pick their car in any color, so long as it is black）。"看来，亨利·福特就是极其注重践行一种"以顾客为中心"的理念。

无论人工智能如何发展，它都有可能继续减少我们做选择的机会。未来，我们会询问谷歌：我们应该学习什么知识？我们应该在哪里工作？我们应该和谁结婚？这绝非遥不可及。不过人类确实不擅长在这些方面做出明智的选择，尤其是在历史上，我们以一种偶然和冲动的方式做出这些决定。因此，目前让人工智能为我们做出这些决策的门槛很低，就像人类其他行为被自动化了一样，比如自动驾驶汽车、视频面试机器人和陪审团裁决。

人工智能不需要太精确，更不需要太完美，就能提供高于平均水平或典型人类行为的价值。拿自动驾驶来说，采用人工

---

[1] 福特汽车公司的创立者。

智能技术意味着每年死于车祸的人要减少 135 万；以视频面试机器人为例，目标是解释未来工作表现中超过 9% 的变异部分（传统面试最多只能解释 0.3 的相关性）；在陪审团裁决方面，人工智能只要能将目前陪审团误判无辜被告的可能性降低 25%（接近三成），就算达成目标。

因此，与其担心人工智能高效决策所带来的好处，不如想想如何利用好人工智能释放给我们的思考时间。如果人工智能将我们从无聊、琐碎甚至困难的决策中解放出来，我们该如何利用这份难得的精神自由？归根结底，这一直是技术革命所希望实现的目标，即实现任务的标准化、自动化和外包。如此一来，我们就可以从事更高层次的智力活动或创造性活动。

然而，当实现自动化的是我们的思维、决策甚至重要的人生选择，我们应该怎么办？没有多少证据能证明人工智能技术被用于提高人类好奇心或人类智能发展水平。换句话说，人工智能没有让人类变得更聪明，反而削弱了人类体验的广度和深度。人工智能带给我们很多优化，是以牺牲人类即兴创造力为代价的。我们似乎已经把人性交给了算法，我们的身份和存在已经被机器分门别类，我们整个人已经被人工智能简化。

从历史上看，我们一直认为人类是心理复杂且难以理解的生物，所以我们才需要时间来真正认识一个人。想想看，"你是谁"由你所有行为的总和再加上你所有的想法及感受的总和构成，即使当前"监视资本主义"盛行，要追踪、记录、关注和解读一个人的所有行为都是很困难的，而人的想法和感受这些更是模糊不清了。此外，要了解一个人，我们还需要从生物学过程（独有的生理特征、生物特征、基因结构等），社会，心理，文化和哲学理论等多个层面进行解读。

在复杂性频谱的低端，是人工智能定义我们的方法：它大大简化了挑战，并以一种非常肤浅、通用的方式来解决问题，即简单地限制你所做、所感、所想的事情的范围，限制你在平凡一天或一生中潜在的行为，以改善他人对你施加的任何心理模型。换句话说，与其过度简化模型，不如尽量简化自己。

　　人类创作的作品可能有助于说明这点。例如，《公民凯恩》（*Citizen Kane*）比《速度与激情 8》（*Fast and Furious 8*）更难懂；瓦戈纳①（Wagner）的作品比爱莉安娜·格兰德②（Ariana Grande）的歌曲更难懂；委拉斯开兹的画作《宫娥》（*Las Meninas*）比挂在汉普顿酒店

---

① 欧洲浪漫主义时期的代表性作曲家，也是继贝多芬、韦伯以后，德国歌剧舞台上的重要人物。他不仅在欧洲音乐史上占据重要的地位，而且在欧洲文学史和哲学史上也具有一定的影响。
② 美国女歌手、演员。

> （Hampton Inn）走廊上的一些批量生产的电梯挂画更难懂。人也是如此。人的自我复杂性各有不同，有些人更"多面"，有些人更"典型"，有些人则结合了冲突的利益、对立的态度和近乎矛盾的行为模式，我们可以称他们为"无法预测的人"。

如果你想尽快让别人读懂你，那就尽力去除你生活中的任何复杂性和不可预测性，简化你的生活，把它变得明显、单调和重复。这样，我预测你的行为模式的能力就会迅速加强。如果你整天盯着各种屏幕、点击离开或进入页面、以越来越重复的方式划动不同的页面，那么即使是电脑，也知道你是什么样的人。

为了让自己更像机器，我们正在努力优化自己的生活。

怎样在被预测的生活中当一个不被预测的人？

人工智能会让我们更不自由吗？

自由意志是哲学、心理学和神经科学领域的一大话题。科学家持有的传统观点认为，世界上根本不存在"自由意志"，"决定"是别人为我们做的，"意识"充其量是人类进化过程中遗留下来的一种无法解释的东西，说不好听一点也不过是一种虚构的建构。这种观点与我们的常识相悖。这有个相似特征，即可预测性的作用。当你能预测某件事时，你就对它有了更多的控制权，而如果你对它有了更多的控制权，那么这件事就会变得不那么自由。

● I, HUMAN ○

不是说我们拥有了预测天气的能力就能够控制天气，而是预测天气能让你减少天气对你的控制。

当我们以可预测的方式行动时，要理解谁在控制我们，在哲学层面也是一件复杂的事情：是我们的内在力量、系统、人工智能、大型科技公司、我们的天性，还是只是我们自己？我用优步出行时，掌控这段旅程的人是谁？是我、司机、优步应用程序，还是"宇宙"、"上帝"或"人工智能"？还是说所有这些行为都让我们感到内疚和无助，因为我们体验到失控，却没有决定改变它？作家亚当·格兰特写过一篇颇有见地的文章，文中指出，我们是在苟延残喘，而不是在生活。这句话可以总结本书中唤起的许多情感。无负罪感的生活是否包括控制或抑制科技对我们的诱惑？我们如何才能在此情况下真正感到自由？

很多哲学家指出，只要我们生活在没有自由意志的幻觉中，那么缺乏自由意志就没什么问题。然而，如果反过来的话，情况就不太能接受了：我们感觉无法控制自己的生活，可实际上我们可以自由地塑造和创造生活。换句话说，我们拥有自由意志，却完全没有意识到这一点，仿佛我们生活在幻想中，以为我们的选择是由别人替我们做出的，我们已经沦为由人工智能控制的自动化机器。

这种缺乏主观能动性的感觉不仅标志着道德或精神层面上的失败，也严重限制了我们的自由感和责任感。当然，由于人工智能才刚刚进入我们的生活，所以我们没有太多理由责怪它。同理，用数据控制某人和收集某人的数据是有区别的。技术，甚至人工智能所做的大部分工作都是为了监控、测量和检查。许多我们归咎于人工智能或技术的问题，并不会因为我们关闭算法、移除人工智能或停止测量而消失。

例如，当我摘掉智能指环或忘记给它充电时，我的睡眠模式并没有发生变化。正如哲学家路德维希·维特根斯坦（Ludwig Wittgenstein）指出的，如果"我的手向上举"和"我举起手"

之间的区别是自由意志，那么控制感或主体行为的主观体验可能是关键所在。因此，在这个时代，我们可能会失去这种感觉，因为我们缺乏类似的替代品，很容易被困在算法预测、不可抗拒但毫无意义的数字提示以及永无止境的生存恐惧循环的网络中。显然，反技术进步者追溯过往的生活并不太有创造性，那么，我们该如何创造？创造什么？为什么要创造？

各种组织一直试图围绕可预测的、可衡量的和可改进的结果来设计和构建任务和活动，从而控制和管理他们的员工。弗雷德里克·泰勒[①]（Frederick Taylor）最初提出以"科学管理"手段管理装配线，而在人工智能时代，装配线已经完全虚拟化，比如完全依赖平台、由算法管理的零工。泰勒的理论认为，工人将由一个"远距离的大脑"来控制，而这个"大脑"就是高级管理人员。如今，这个"大脑"就是人工智能。千万不要为我下面这句话震惊到：请记住，高级管理人员并非不可取代。

让算法来监督、衡量和管理你的业绩有潜在好处，比如更高的精度、客观性、一致性，以及可以减少政治倾向和有害行为。例如，被人工智能骚扰比被人类老板骚扰难得多。但是，被机器管理也有明显非人道的一面，尤其当它的目标是把我们也变成机器的时候。

[①] 美国古典管理学家，科学管理的创始人，被管理界誉为科学管理之父。

过去的技术突破，比如工业革命，是把体力劳动机械化，也就是用机器活动取代人类行为。相比之下，当前的人工智能革命通常被称为"第四次工业革命"，是把脑力工作机械化，以取代人类思维，用机器替代学习。

但这样做的目的是什么呢？如果我们要把判断和决策自动化或外包，也没看出我们有多想将释放出来的精神资源投入充满创造性的、鼓舞人心的或令人充实的活动上。作家兼教授吉安皮耶罗·佩特里耶里（Gianpiero Petriglieri）指出，我们必须对"职场非人化"这个观念发起挑战，只有当我们不再为了提高效率而进行优化，并开始回归"优雅、理性和克制"时，这种情况才会发生。

不难理解，近年来专注力研究和专注力干预事件的数量急剧增加，其目的是为我们受到过度刺激的大脑开辟一些精神空间，得以获得平和与安宁，让我们能够活在当下，并与现实建立更深层次的联系。现在，数字正念应用程序、指南和工具市场正蓬勃发展。其中的讽刺意味不言而喻，比如 YouTube 上有些视频在教观众如何戒掉 YouTube 或不要在游泳池里小便。

如果这个世界被分门别类，而分类的标准是我们的喜好，那我们还有多少自由去偶然行事？如果构成我们的一切都可以被人工智能预测，那我们是否仍拥有做出不可预测决定的自由？

或者，我们的自由是否只存在于算法控制范围之外的决策和行为当中？我们可能已经忽略了生活的本来面目，它既简单又丰富，既缓慢又快速，既偶然又确定。

也许有一天，我们会以愚弄人工智能为乐，即使只是最简单地故意选错在网络安全测试中的车轮、灯柱或红绿灯。网络安全测试是一种常见的测试，用于确定我们到底是人类还是人工智能。顺便一说，我在这常见的"人类测试"中不止失败过一次，所以我开始怀疑自己究竟是人类还是人工智能。

人类与众不同的地方就是什么事情都能做一点

偶然，是生活的基本语法。偶然性融入我们的日常生活和运转模式中，我们学会了与它共存，并不自觉地爱上它。当你发现刚认识的人跟你喜欢同一首歌或者上过同一所大学，你就会有一些奇妙的感觉；酒吧里的邂逅就更不用说了，你们可能最后会走进婚姻的殿堂。现在，我们回首过往，把偶然性视为我们人生遗失的篇章。我们并不十分想念它，但也不介意失而复得一部分。偶然性几乎是一种后天习得的技能，因为我们的生活主要是为了避免偶然性才进行优化的。

一般来说，我们的目标应该是创造一个更丰富、更全面、更多样化的自我。不妨把它视为个人层面的多样性，即拓宽我们的身份，以包含多个"我"，正如企业家里卡达·泽扎（Riccarda Zezza）所说，这个"多我"实际上丰富了我们的性格和视角。

我们会变得更难预测，因为我们的习惯、信仰和观点不会反映出统一的意识形态或狭隘的自我观念。当知道某人做的某件事情时，例如他投票给谁？住在哪？做什么？他最喜欢的食物是什么？他看什么新闻频道……就足以准确预测关于他的其他事情，那他就毫无复杂性可言。即使是在智力层面，一贯且狭隘的自我观念也促使他们不去思考、推理或做出新的决定。

一个人越容易被预测，他的控制力、能动性和创造力就越小。

如何改变这种局面？在数字世界中，创造性和偶然性来自人们以算法无法预测的方式行事。例如，你会在谷歌上搜索什么内容？这个问题的答案具有创造性，是谷歌的自动补全插件无法预测的。同理，在推特上说一些出人意料的话，或者看一些在奈飞上看不到的视频也是。我们生活在一个为预测而优化的世界里，所以算法及其主机平台正试图将我们的习惯标准化，以提高它们的预测能力。

这就像和一个有点强迫症的人共事，或者跟一个有强烈控制欲的人结婚，只要某个东西有一点儿不对劲，他们的模式和系统就会崩溃。如果你让他们措手不及，他们就会感到焦虑和无所适从，所以他们会尽量把世界变得可预测。脸书和谷歌的算法也是如此。

但到目前为止，尚无证据表明人工智能或其他工具能非常精确地预测广泛的结果，比如我们的人际关系、职业生涯和人生的普遍成就。我们的潜力远大于算法的预测，能够做出算法预料之外的行为。

随机性就在观察者的眼中。如果你创造一种情境，让人们体验到随机性和偶然性，但一切都是事先安排好的，那么你实际上是在重新创造自由意志的幻觉：只要我觉得自己拥有自由选择权，谁又会在乎事实是否如此呢？有趣的是，人工智能往往采用相反的方法：即使我们有自由意志，它也试图强行预测。这主要表现在向营销人员和市场过度宣扬其预测能力。所以，当算法告诉我们，我们可能想看某部电影或读某本书时，这就是一个自我实现的预言。如果我们信任算法甚于信任自己，或者知识有限，无法评估这些预测的准确性，那么我们可能就会放手一试，这反过来又会强化算法的准确性。这种"安慰剂效应"让人想起了诺贝尔物理学奖得主尼尔斯·玻尔（Niels Bohr）的轶事。据说，他在自己的办公室里放了一块象征好运的马蹄铁，因为有人告诉他"不管你信不信，这东西真的会让你运气变好"。

人类的行为比人工智能能够处理的行为要复杂得多。逃避算法预测的能力仍然是人类创造力和自由的基本组成部分。这种能力在未来可能是一种资产。

让我们试着变得不那么容易被预测。当你被告知你有惹人讨厌的习惯时，就会触发你想改变和变得更好的欲望。所以如果能看到人工智能为我们建立的模型，并意识到我们的生活已经变得多么无聊，我们肯定会找到一个理由，努力成为一个更有创造力、更不可预测的自己。

看一些奈飞永远预料不到你会看的电影，与脸书或领英永远预料不到你会联系的人联系，观看一些 YouTube 永远预料不到你会看的视频。让人工智能的预测失效，也许是我们超越算法模型的最终方式，至少能让我们感到自由。

与跟你有过共同经历的人分享这些记忆，这样的体验胜过你在 YouTube 上看任何东西。在没有数字记录的情况下与人一同回忆，这样的友谊多么难得。数字化的友谊并不能完全取代面对面的友谊，后者给我们的心理健康带来了更多好处。有人尝试创造"友好的人工智能",但这大多是彬彬有礼的机器人,像狗一样对人类很友好,即使受到虐待,仍保持友善和温顺。

━━ ● I, HUMAN ○ ━━

　　我们终有一天会感激生命中所有没被记录下来、只存在于记忆中的时刻。

也许当我们的孩子长大后,他们会遇到儿时的朋友,并问他们:"你还记得我曾给你的抖音视频点赞吗?""你还记得我们一起看 Instagram 上的内容吗?""你还记得我们第一次在 YouTube 上看到 KSI 玩 FIFA 游戏吗?"显然,比起现实体验的回忆,这些就显得没那么印象深刻了。

　　如果人类能否欣欣向荣主要取决于是否寻找到空间,那么人类文化进化的人工智能阶段所面临的挑战就是在算法、手机、屏幕使用时间等之间找到或腾出空间。维克多·弗兰克尔[1](Viktor Frankl)回忆起自己在集中营的经历时说,人类拥有一种独特的能力,可以凭空创造出空间,甚至在最受约束和遭受最非人虐待的情况下表达自我。在这个与人类相关的一切事

---

[1] 美国临床心理学家,维也纳第三心理治疗学派−意义治疗与存在主义分析(Existential Psychoanalysis)创办人。

物都日趋数字化的世界里，那些无关紧要的事物也许就是让人类变得有趣的东西。

到目前为止，人工智能在创造力方面还没有通过图灵测试①（Turing test），但这种情况肯定有所好转。用于音乐创作的人工智能已经相当成熟，多个平台和应用程序提供即插即用的功能，我们只要选定情感和风格等参数，就可以进行即兴创作和作曲。包括微软、谷歌、IBM 的超级电脑"沃森"（Watson）和索尼等公司在内的大多数科技巨头以及 Aiva 和 Amper 等专业初创公司都有现成人工智能产品，这些产品被用于制作商业专辑，比如 YouTube 明星塔琳·萨瑟恩（Taryn Soutern）的专辑《我是人工智能》（*I Am AI*）。

> 舒伯特在创作了第八交响曲的前两个乐章后，就放弃了后续创作。斯坦福大学的研究人员对人工智能进行训练，以迈尔斯·戴维斯②（Miles Davis）的风格高效创作了一些爵士乐，90% 的人类听众认可这些爵士乐。不难想象，人工智能连古典乐和爵士乐这种如此复杂的音

---

① 这个测试旨在探究机器能否模拟出与人类相似或无法区分的智能。
② 参与缔造了 Cool、Hard Bop、Modal、Fusion 等曲风，是爵士发展过程中的一位重要人物。

乐类型都能驾驭,那创作其他类型的音乐简直易如反掌。

类似的例子还有很多。人工智能已经写过很多书,还有专门的网上商店销售这些书, 比如 www.booksby.ai 网站。不过谷歌的人工智能吸收了 1.1 万本书的内容之后, 创作出"马要去买日用品,马要去买动物,马是最喜欢的动物"这样的诗句。尽管诗人的就业市场不景气,但这首诗表明,诗歌创作不会自动化。

我们很难判断人工智能的艺术能力,因为艺术是一件非常主观的事情。例如, 约瑟夫·博伊斯①(Joseph Beuys)的《二十世纪末》(*The End of the Twentieth Century*)和一堆大石头之间的区别,就像特蕾西·艾敏(Tracey Emin)的《我的床》(*My Bed*)和我家里的床之间的区别一样,我的床和其他大石头都没有机会进入泰特现代美术馆(Tate Modern)。这也就意味着艺术品与日常用品在价值或估值上存在极大差异。当然,这完全是主观的或由文化决定的。

因此, 当佳士得②(Christie)以 43.25 万美元的价格出售

---

① 德国雕塑家,事件美术家。以装置艺术和行为艺术为其主要创作形式,是"行为艺术""社会雕塑"等概念的创始人。
② 世界著名艺术品拍卖行之一。

一件由人工智能创作的绘画作品《埃德蒙·德·贝拉米肖像》（*Portrait of Edmond de Belamy*）时，也难怪有人提出异议，称这幅画并非真正的艺术品。事实上，从 20 世纪 70 年代初起，算法艺术已经存在，所以现在和过去的主要变化也许是艺术品的质量变得更高，或者我们现在对于将人工智能创作称为"艺术"持更开放的心态，又或者这两个原因兼而有之。

随着技术进步，人工智能在每一件事上都做得比我们好，而唯一能让人类与众不同的就是我们什么事情都能做一点。正是因为无法开发出通用人工智能（AGI）[①]，才使得人类智能仍具备相当的价值，而人工智能无法以不可预测的方式行事，这就限制了人工智能积累类人能力的范围。

正因为如此，诸如认知科学教授玛格丽特·博登（Margaret Boden）等专家认为，人类从人工智能时代学到的主要经验就是人类思想比我们预想中更丰富、更复杂和更微妙。

诗人查尔斯·布可夫斯基（Charles Bukowski）说过："找到一种你酷爱的事物，并为之献出你的生命。"这就是创意过程的最佳例证，或者充分说明了哲学家马丁·海德格尔（Martin Heidergger）所说的"向死而生"。

---

① 是指具有高效的学习和泛化能力、能够根据所处的复杂动态环境自主产生并完成任务的通用人工智能体，具备自主的感知、认知、决策、学习、执行和社会协作等能力，且符合人类情感、伦理与道德观念。

● I, HUMAN ○

　　你要敢于挑战事物的秩序、挑战现状和惯例，并相信自己能够让事情变得更好。你必须敢于在某种程度上蔑视那些"正确"的想法，因为创造力永远不是人们预期中的"正确"。

　　重要的是，你可以尝试很多实用的方法来提升自己的创造力。例如，凡事有先后（包括更经常地拒绝别人），改变惯例（比如从一条不同的路线去上班、采用新习惯，或者接触新的朋友、想法和主题），腾出时间来释放你的好奇心和找到能让你感觉有创意的爱好或活动，比如烹饪、写作、玩音乐、摄影、设计东西等。这些做法可能会让你不再"可预测"，让生活变得更加丰富和有价值，使人工智能措手不及。

你容易被预测吗？

每符合一条描述加 1 分，然后得出总分。

序号	问题描述	得分
1	我无法百分百确定自己的行为是否已经自动化。	
2	有时候，我觉得我几乎没有自由或无法控制自己的行为。	
3	我所做的每一件事似乎都是可预测和重复的。	
4	我不记得上次做一些令自己感到意外的事情是什么时候了。	
5	我的日子过得犹如《土拨鼠之日》(*Groundhog Day*) ① 。	

① 1993 年的美国喜剧电影，讲述主角的时间停留在土拨鼠日这一天，无限循环，开始了他重复的人生。

序号	问题描述	得分
6	我觉得，挖掘我生活信息的算法比我更了解我自己。	
7	我觉得时间过得飞快。	
8	我经常有一种憔悴或闷闷不乐的感觉。	
9	我觉得自己无法再自由地发挥创造力。	
10	我时常觉得自己像个机器人。	
总分		

0~3分：你可能没有花太多的时间去社交，或者想方设法给自己制造惊喜并释放自己的创造力。

4~6分：你处于正常水平，既不十分有创造力，也没有做出太多像机器人的行为。你可能想保留一些天性和自由。

7~10分：你是社交媒体平台的完美客户，也是人工智能的捍卫者。只要意识到这些问题，你就可以作出积极的改变。你想从什么时候开始改变？

AI 时代人性的弱点

I, HUMAN

第 7 章

自动化的好奇心

我们人类拥有大量思考技能，而在人工智能时代，最为重要的技能无疑是好奇心、学习的欲望或意愿。

好奇是生而为人的本能。有人做过研究，测试了四个月大的婴儿的好奇心。如果你照顾过婴儿，就会发现不同的物品是如何吸引他们的注意力的，而观察物品的时间就是体现婴儿好奇心的最早期指标之一。婴儿花越多的时间观察某件物品，尤其是新奇物品，以及他们对新奇的刺激表现出的兴趣越大，他们成年后表现出好奇心的可能性就越大。换句话说，成年人的好奇心从很小的时候就开始发育了。遗憾的是，大多数人的好奇心水平往往在四五岁时达到顶峰，之后呈下降趋势。

相对于其他文明而言，从古埃及文明、希腊文明到法国和英国的启蒙运动，都以思想开放和好奇心旺盛著称，但一般的文明往往会阻碍或压制我们的好奇心。在人类进化的大部分时间里，激发好奇心的因素普遍有限。

我们的主要生存策略只倾向于最小限度的好奇心，比如用于探索新的食物或尝试新的狩猎工具。以狩猎采集者为例，如果 X 部落在非洲大草原游猎，其中一名成员突然觉得有必要朝另一个方向探索，看看 Z 部落在做什么，他这样做的目的也许是想让自己不那么无聊，或者克服自己的无意识偏见，但这样就很容易被 Z 部落的人杀死和吃掉。最好的情况是什么？是他带着有趣的故事安全返回 X 部落。但更有可能的是，他带回来更多寄生虫，让自己部落的同伴遭殃。正如新冠疫情期间，与自己封闭圈子之外的人打交道，感染的风险就会高得多。跨出生物安全区总是要付出代价的。

人工智能是怎样学习的？

尽管压制好奇心的做法源于人类的进化，但技术的进步加剧了这种压制。当前大多数复杂任务已被人工智能实现了自动化，这在某种程度上证明：除有针对性的机器学习之外，人类的好奇心价值不大。不过，就算我们不喜欢用"好奇心"来描述人工智能学习，但人工智能也越来越多地替代那些迄今为止需要人类付出大量好奇心的任务，比如用谷歌搜索答案，探索潜在的职业、爱好，度假目的地和浪漫伴侣。

大多数人工智能问题都涉及定义一个目标，而该目标将成为计算机的首要目标。要理解这种动机的力量，你可以试想一下，你对学习某样东西的欲望在你所有动机优先级中排第一，超过了你对社会地位的需求，甚至高于你的生理需求，就是这样的一种力量。

从这个意义上说，人工智能比人类更痴迷于学习。但人工智能在学习方面限制很大，因为与人类相比，它的学习重点和范围非常狭窄，它无止境地学习只适用于外部指令，即学习 X、Y 或 Z。在这点上，人工智能的"好奇心"与人类的好奇心完全相反，因为人类很少会因为别人的要求而对某件事情感到好奇。这也可以说是人类好奇心的最大缺点：它是自由流动和反复无常的，我们无法随意激发自己或别人的好奇心。

创意源自好奇心，然后再在实验室中被设计和测试。现在，计算机可以通过自己搜索优化方案来加快这个过程。

以人类玩电脑游戏为例。很多电脑游戏始于反复地试错，即人类必须尝试新事物和创新，才能在游戏

中取得成功：如果我试着这样玩，会发生什么？如果
我去这里，又会发生什么？早期版本的游戏机器人能
力不太强，它们就算知道人类对手在哪里和在做什么，
也并不能战胜人类。但 2015 年之后，发生了一件事情：
计算机具备了深度学习能力，可以在没有太多背景信
息且条件对等的情况下打败人类。

人类和计算机都可以对自己的下一步行动作出实时决策，
但人工智能可以让"设计—测试—反馈"这个过程就在毫秒内
完成。在未来，可调试设计参数和运算速度只会更多更快，这
样就会扩大人类启发设计的应用范围。

以面对面的面试为例。职场中的成年人都必须忍受这种
面试。提升员工质量是企业持之以恒的目标，但如何才能达
成该目标？人类招聘人员的好奇心可能会促使他们在未来的
面试中根据提问或面试时间长短来调整面谈方式。在这种情
况下，测试新问题和设置评判标准的过程会受到应聘者数量
和观察结果的限制。而且也可能因为应聘者数量不足，公司
无法开展有意义的研究来完善面试流程。但机器学习可直接
用于录制的面试视频，数秒内就可以完成测试"学习—反馈"

的过程。面试官就可以根据应聘者的言语和社会行为等特点来进行遴选。

应聘者的一些重要的细微能力，如专注力、亲和力和表达能力，这些能力可以在数分钟内通过视频、音频和语言进行测试和验证，同时控制不相关的变量，消除无意识和有意识的偏见的影响。相比之下，人类面试官往往没有足够的好奇心去对应聘者提出一些重要的问题，他们可能最终会关注那些不相关的因素，做出不公平的决定。然而，研究表明，应聘者仍然更喜欢面对面的面试。显然，这是一种"换生不如守熟"的心态。也许应聘者觉得被人类喜欢比给算法留下深刻印象更重要，或者我们宁愿被人类歧视，也不愿意被人工智能歧视？

只要有清晰的指令和明确的目标，计算机就能比我们更快地学习和测试各种想法。但计算机仍然缺乏涉足新的问题领域和将类似问题联系起来的能力，这可能是因为它们无法将不相关的经验联系起来。就像人员招聘算法无法玩跳棋，汽车设计算法也无法玩电脑游戏。简而言之，在性能方面，人工智能将比人类有优势，它能完成更多的任务，但对事物保持好奇，并以极大热情去追求自己感兴趣的事物，这样的能力可能仍是人类独有。

我们可以训练人工智能做出类似人类好奇的行为，但它们解决一个问题，就会出现更多新问题。这些问题通常不是人工智能提出的，而是人类提出的，尤其在讨论新问题的时候。让人工智能回答我们提出的问题，不仅是让我们思考的好方法，也是利用人工智能的好方法，这应该能让我们有更多时间提出更有价值的问题以及有验证意义的假设。

扼杀好奇心的唯一方法：回答提出的所有问题

很多思想家指出，大部分知识与经验最突出的方面不在于寻找答案，而在于提出正确的问题。苏格拉底（Socrates）认为，哲学家的职责是带着一颗好奇的心去面对谈话，从普通人那里获得最深刻的问题的答案，前提是你能够始终用尖锐的问题引导他们。

现在，谷歌人工智能就能回答我们的大部分问题，甚至连要跟谁约会、结婚或为谁工作这样的问题，我们都可以问谷歌。目前，只有 15% 的问题以前从未被问过。不过谷歌只能揭示我们提问时所写的句子与其他用户所提的其他问题之间的相似性，它会认为后者与我们的问题看上去很像，或至少当前句段很像。这足以预见，当谷歌掌握了与我们相关的海量数据，再加上不断改进的算法和神经网络，它给出的答案就会越来越精确。也不难想象，未来的人工智能可以回答所有问题，即使它是从所有人类那里收集的答案。

但人工智能还无法提出正确的问题，问题由人类提出，谷歌只出售答案。也许人类的好奇心尚未值得自动化，毕竟自动化好奇心，甚至扼杀好奇心的唯一方法是回答我们提出的每一个问题，或者传达这样一种错觉：我们所有的问题都得到了回答。这样的话我们就会没有动力花时间提问或思考答案，反正答案可以在谷歌搜索得到，而其他事情又可以用信用卡解决。那不提出问题，谷歌又怎么出售答案呢？

其实对于人工智能来说，自动化人类的好奇心有趣且有用，这与我们为了提出更深层次的问题而释放好奇心中一些基本的、可预测的元素（比如想知道卫生间在哪里）的动机并不冲突。

完全保持住好奇心是不可能的

人工智能是只需要回答问题，而人类要考虑的事情就多了。人类需要提出相关问题，但我们问的问题越多，人工智能就变得越聪明，我们就越来越笨，因为我们学习的动力在变小，又不想记住事情，更不想在搜索引擎搜索到信息时去钻研深层含义。我们的求知欲也随之下降。

正因如此，在人工智能时代，好奇心成了香饽饽。事实上，好奇心被誉为现代职场最重要的能力之一。研究证据表明，好奇心并不仅是一个人就业能力，即获得和维持一份理想工作的能力的重要预测因素，民众好奇心水平较高的国家在经济和政治领域也享有更多自由以及拥有更高的国民生产总值（GDP）。

未来，更多组织在招聘员工时会着重于员工的学习能力，而不是他们已经拥有的知识。当然，人们的职业生涯很大程度上仍然取决于他们的学业成绩，而学业成绩也会受到好奇心的影响。如果没有起码的兴趣，就学不会任一技能，因此，好奇心可以说是天赋的关键基础之一。正如爱因斯坦所说："我没有特别的天赋，只有强烈的好奇心。"

当前，人工智能和技术每自动化一项工作，就会创造出更多新的工作和职业，这就需要人们掌握一系列新的技能和能力，这反而增加了好奇心的需求，或一些人所说的"学习能力"，即在职业生涯中渴望不断学习新技能，以保持就业能力。

在世界经济论坛的某一场会议上，万宝盛华集团（Manpower Group）预测，学习能力将是解决自动化问题的一剂妙方。那些更愿意也更有能力学习技能和专业知识的人被人工智能自动化的可能性要小一些。你掌握的技能和能力的范围越广，你在职场的重要性就越大。如果你更专注优化自己的业绩，那么你的工作最终将变成重复和标准化的操作，机器就可以更好地接替你完成这份工作。

保持好奇心，或者说思想开明，说起来容易做起来难。心理学对开明思想的研究有着悠久的历史，而"开明思想"往往被贴上了"对经验的开放性"的标签。也许是因为这些数据严重偏向于美国心理学专业的学生，他们通常和做这项研究的学者一样自由，所以开明思想或多或少被定义为"政治自由"或者说是民主党而非共和党。

如果这只是一种带政治取向的衡量标准，那么唯一值得怀疑的就是这个标签本身，因为它颂扬了一种政治立场，而谴责另一种政治立场。再者，我们将开明思想美化为衡量好奇心、艺术倾向、文化修养和语言智能的一般标准，这就让事情雪上加霜了。因此，思想开明的人应该更自由、更少宗教信仰、更注重智力，这意味着他们通常不会与保守的、信教的或没有文化的人打交道。当然，这种感觉是相互的。

然而，一个真正思想开明的人不会陷入非此即彼的极端，而是在合理范围内有轻微变化。用现在已被爆出丑闻的剑桥分析公司的话来讲，思想开明者在心理层面是可以被说服的，因为他们的意识形态不会阻碍他们跟那些与众不同的人打交道，也不会让他们只因意见相左或者生活方式、背景等不同而将别人排除在他们的圈子之外。这种思想开放、无党派、价值中立的思维不仅难以实现，而且实际上几乎没有动机去实现。

理论上讲，在任何群体或组织中增加多样性和包容性都是一个了不起的想法，而且这在逻辑上也至关重要。但现实情况是，这对我们的智力要求极高，即要求我们不带偏见地重新评估每一件事、每一个人，抛弃我们快速思考的能力，并脱离朋友圈和社交圈。随着社会变得越来越部落化，那些以反部落方式行事的人得到的回报就会越来越少。

如今，关于"取消文化"[①]（cancel culture）的争论与其说是由思想开放的学者推动的，倒不如说是由保守主义者推动的，后者认为左翼已经截获了学术界的话语权。保守主义者认为：从心理层面讲，大学已经变得同质化；在美国顶尖大学中，民主党教授的数量是共和党教授数量的 9 倍。虽然一些有争议的右翼思想家被校园拒之门外，无法在校园进行他们自己的思想宣传演讲，显

---

① 旨在要求对发表明显不当言论或者做出出格行为（不限时间）的人或企业（大多为名人和知名企业）进行全方位的抵制和封杀，从而使他们获得惩罚。"取消文化"的评价标准基本与"政治正确"吻合，形成了一种社会舆论压力。

得自己像受害者一样。所以保守主义者的逻辑很明显：
大学应培养学生独立思考的能力和批判思维，如果只接
触思维模式相同的人，就会阻碍批判思维的培养。

当前有很多多样性和包容性项目，这些项目基本上是要求
人们接受和喜欢那些与他们完全不同的人，但这是一种理想化
的情形，这就像是希望抹去 30 万年的进化过程，只是为了确
保我们的雇主不会惹上麻烦，并被视为正义和平等的捍卫者。
当然，持这种观点的人不多，因为大部分人真正在做的是强化
优绩主义（meritocracy）和公平性，以及推翻数千年来对他人
猿猴般的态度。

文化有能力影响人类原始本能的表现方式，但它无法压制
我们的基因。关于人类和多样性，人类能得出的唯一理智而坦
率的结论就是：大脑天生就有偏见。这意味着我们顶多只能消
除文化对我们好奇心的约束，并颂扬人们探索新奇和独特的地
方和人。

我们喜欢告诉别人我们是神秘、复杂和不可预测的，但如
果我们真的不可预测，那最先吓坏的会是我们自己。想象一下，
如果每次照镜子时你都会看到不同的人，或者在特定的情况下，

比如见客户、约会或去买咖啡时不知道自己会做什么，你会是什么反应。

我们需要理解自身行为，解读和表明我们的动机，直到形成全面和有意义的自我观念，让我们能够轻松地向别人和自己表达自我。我们要把日常生活中所有微小的行为片段拼接在一起，才能画出一幅令人信服的自画像。原始的我们被严重分解，所以，我们的工作是重新构建、重新组合和重新格式化我们自己。

给别人贴标签、划分类以概括他们的整体存在很容易，但对我们自己这样做却很难。因此，所以当别人这样对待我们时，我们就无法接受。你不能同意或不同意某一方的观点，否则就会被成功地归入一个阵营或另一个阵营，这表明我们的态度和身份已经变得多么可预测。告诉我一件关于你的事，我就会告诉你其他一切事情。

想想看，支持特朗普的选民和支持拜登的选民之间最基本的区别在哪里，知道这个区别，你就对这些选民了如指掌，就可以预测他们是否支持或反对禁枪、是否是素食主义者、是否是气候变化活动积极分子以及是否喜欢性别中立代词。

我们创造出了"过滤气泡"，也喜欢这些气泡，但也正因如此，随着年龄增长，我们的好奇心越来越弱，思想也越来越狭隘。

还有一个简单的技巧是培养问"为什么"的习惯。我们三岁时都擅长打破砂锅问到底，而到了三十多岁时，这项技能却退化了。还有一个方法就是在生活中定期地作出改变，增加自身的探索行为，为生活增添更多的变化和不可预测性。人们倾向于让世界变得尽可能可预测和熟悉，这样他们就不会被变化吓到，但这也是我们最终在精神上变得懒惰的原因。

● I, HUMAN O

身份标签是反映人们价值观的重要指标，是做出明智决策的快速指南，也是一种道德规范，用于规划人们的行动，目的就是让他们感觉理性、体面和可预测。

正确提出问题和评估答案质量变得最为重要

不管人工智能的发展能力有多强，有一点很明显：在人工智能时代，人类智能的本质与谦逊和好奇心高度混为一谈，或许这比人类的知识或逻辑更重要。当世界上所有的知识都被整理和存储起来，并易于获取时，提问的能力，尤其是提出正确问题的能力以及评估我们所得答案质量的意愿变得最为重要。

我们还要保持谦逊，以质疑自己的智慧和专业知识，这样我们才能脚踏实地，并保持学习和进步的内在欲望。

那么，在人工智能的语境下，人类智能该往什么方向发展呢？正如阿杰伊·阿格拉沃尔（Ajay Agrawal）及其同僚在《AI极简经济学》（*Prediction Machines*）中指出的那样，人工智能本质上是一个计算机引擎，专门用来快速、可拓展地进行模式识别，因此，我们最好将我们的智慧另作他用。别忘了，我们可以用机器来发现数据集中的共变、共现和序列，其精确度远非最聪明的人类和人类最先进的能力所能达到的。

当人工智能掌握并垄断了"预测"这项任务时，人类智能的基本作用就局限于两个特定的任务：

（1）将问题结构化为预测问题；

（2）研究如何处理预测结果。

从本质上讲，第一个任务是科学家们数个世纪以来一直在做的事情，即提出可测试—可证伪—假设，并确定有助于检验或支持其假设的观察结果。举个例子："如果我们少花点时间开会，工作效率就会提高。"平均会议时间可表明或预示工作业绩。

那么第二个任务的例子就是："这位经理开会的时间比其他人多 40%，我会告诉她少花点时间开会。"（"如果她不这样做，我会找人把她替换掉。"）

这些原则听起来平淡无奇，但要落实这些原则，我们会遇到一大阻碍：我们自己的直觉。很多时候，人工智能与我们的常识背道而驰，当本能要求我们做 B 事情时，人工智能却要求我们做 A 事情，就像 Waze^① 或谷歌地图建议我们按 A 路线走，但我们自己的经验和直觉却告诉我们走 B 路线。如果你觉得自己是个经验丰富的司机，而且你觉得自己对一座城镇或城市的道路了如指掌，可能你仍然会使用 Waze，但只在某些情形下信任它，也就是它推荐的路线与你的直觉相符时。

当把问题结构化为"如果—那么"的情景时，我们需要考虑的就是很多潜在变量和因素。我们往往倾向于选择那些最感兴趣的东西，这已经反映了人类思维的许多偏差。想象一下这样一个场景：一位经理设计了一个高度结构化的面试流程，让应聘者回答完全相同的问题，并使用预先确定的评分标准，根据相关的职位需求和要求，解读应聘者给出的答案，并予以评分。

---

① 一个免费交通导航类应用。——编者注

这种类型的面试早已被视为遴选员工的最准确方法之一，但它并非没有偏见。其中最难解决的偏见之一就是任何"如果—那么"场景的先验选择都有局限性。所以，甚至在面试开始之前，面试官就已经挑选出了某些品质和信号，而忽略了应聘者的其他品质和信号。面试官想得越全面彻底，在实际面试中捕捉到正确的信号就越难，因为我们每次只能专注做一件事。

从理论上讲，将结构化问题视为预测问题是合理的。但在实践中，我们同时进行多项预测的能力有限。我们想象中的人事经理很可能已经确定了他们在面试应聘者时需要观察的重要指标，但这些指标可能只代表了实际面试中出现的一小部分潜在模式（包括相关和不相关的模式）。例如，如果应聘者口若悬河，则他们可能很自恋或以自我为中心（"如果—那么"模式），所以我不会聘用话太多的人（处理预测结果）。但这种模式可能只是数百种模式中的一种，它增加了某人不适合某个岗位的可能性。而即使只有一种模式，也并不意味着我们善于发现它，至少不是以一种可靠的方式发现它。

假设人事经理认定某位应聘者是某个岗位的绝佳人选，我们能确定他们是根据自身逻辑而非其他因素做出的决定吗？也许从理论上讲，这个人符合正式标准，比如这个人话不多，但那些没有被记录下来的潜在因素呢？比如候选人的个人魅力、亲和力和吸引力。

同样的道理也适用于我们对著名艺术家或演员的才能的评价。例如，我一直觉得卡梅隆·迪亚兹（Cameron Diaz）是一位出色的女演员，她风趣幽默，魅力十足，但也许我只是被她吸引住了而已。当觉得同事很无聊或愚钝无知，并说服自己对此深信不疑时，我们能否确定这是事实，还是我们基于同事的种族、性别、阶级或国籍而作出的判断？

关于意识的科学研究非常复杂，也没有定论，其中一个鲜为人知的事实是，自由意志是一种错觉，因为我们所做的大多数决定受到一系列神经化学活动的影响，而这些活动又受到除逻辑以外的大量因素影响，比如日照量、室温、睡眠质量、咖啡因摄入量等。当然，还有我们对做出正确决定的坚定偏好，以及不容易被事实吓倒的心理素质。

人的本能：渴望理解与被理解

即使人工智能能够获得与人类好奇心类似的能力，但迄今为止的大多数人工智能应用也只是处于预测阶段，很少有能将预测转化为理解的实例，也就是说，从"知其然"到"知其所以然"还是取决于人类智能和好奇心。人类正是因为拥有专业知识和洞察力，才能将预测转化为阐述。正是因为人类自身对理解事物的深切渴望，我们才有别于人工智能对预测的无情与痴迷。我们也许是我们所做的一切的总和，但这不足以解释我们到底是谁，也不足以解释我们为什么要做这样或那样的事情。

从这个意义上讲，至少与人类相比，人工智能的好奇心相当有限。即使我们无法预测，但起码能好奇。解读人类本质有着惊人的价值，而且计算机能够以天衣无缝、可扩展和自动化的方式做到这点，但更现实的情况是，大型人工智能公司甚至都没有尝试过，就已经富得流油了。

我们未必会买亚马逊推荐的东西，看奈飞推荐的影片，或者听 Spotify 为我们挑选的音乐（但显然我会听），一部分原因可能是我们仍更相信自己的直觉，就算直觉越来越受数据驱动和人工智能引导；而另一部分原因则是我们不一定能理解这些预测。

举个例子：一款在线约会应用程序建议你与伊冯（Yvonne）结婚，因为人工智能只推荐你这样做，但实际上并没有告诉你原因。如果人工智能还能给出解释——你们有着相似的兴趣很聊得来、性生活协调、以后会生一个聪明的孩子等，那你可能就愿意信任人工智能了。找工作也同理，人工智能如果推荐给我们工作，是因为公司文化、员工、岗位职责、成长和晋升的空间，还是其他应聘者不如我们？简而言之，我们希望人工智能不仅能预测，还能解释。

迄今为止，人工智能所提供的大多数行为建议都可以依赖于分析数据，而人类可以利用这些建议来做决定。人工智能几乎不需要理论，这是一种盲目的或黑箱数据挖掘方法。相比之下，科学是"数据 + 理论"，它仍然是获取知识的最佳选择，因为它提供可复制的、透明的、合乎道德的和可解释的方法来构想和评估假设。如果我们接受这样一个基本前提，即人工智能和人类智能共同追求识别模式或将不同变量相互联系起来以发现共变量，那么我们必须承认人工智能在推动我们对人类，包括我们自己在内的理解方面存在巨大潜力。

Spotify 能够非常准确地预测我的音乐偏好，甚至比我最好的朋友都了解我，但这并不表示它真的像我的好友那样了解我，更不用说懂我。要想真正懂我，Spotify 需要在它的模型中添加背景、理论和更多超出我音乐偏好的数据。

这就是为什么说朋友才是懂我的。朋友向我推荐音乐时，命中率可能没有 100%，甚至连 60% 都没有，但她可能会立刻意识到，我今天选择的歌曲透露出我的怀旧情绪，且这种情绪比往常来得更强烈。她可能也会明白为什么阿根廷最好的足球运动员迭戈·马拉多纳（Diego Maradona）会去世。当然，她也会和我一样对这一事件感到悲伤，并理解我们对这个人物的热爱也表明了我们性格中存在某些反体制、特立独行和叛逆的方面。这不仅是我们的共同点，也是我们友谊开始的原因。而现在，只有人类才能理解我说的这番话。

──● I, HUMAN ○ ──

也许一个人不是希望被爱，而是希望被理解。

这句话是奥威尔在《1984》中有一句名言。拥有朋友的好处之一就是他们能够理解我们。友谊之所以珍贵，是因为我们有一种希望被人理解的内在需求。朋友的另一个好处是，我们似乎能够理解他们，这凸显了人类想了解世界的需求。好友可能是世上为数不多的、我们真正理解的事物之一。正是这种理解，提供了分享经历、友情和情感的基础，使人际关系比人机关系更融洽，即使人际关系是通过机器形成的，我们仍然可以享受与人类沟通的乐趣。

这个公式不适用于每一个人，但我们有充分的理由将这种深刻理解复制到更广阔世界。生活在一个人与人相互理解的世界里固然是好事，但这也需要我们了解自己。

但我们的世界恰恰相反：人们对事物了解太少，或者说深陷误解危机之中。因此，人们在职业、人际关系、健康和生活等重要问题上做出非理性的决定。正如人类学家阿什利·蒙塔古（Ashley Montagu）所言："人类是唯一能够以理性的名义做出非理性行为的生物。"

坏消息是，拥有"同理心"的人工智能，即可以理解人类想法和感受的人工智能还远未到出现的时候。人工智能没有有效的人类性格模型。从这个意义上讲，人工智能和人类智能之间的主要区别是人类拥有理解他人的能力。如果我告诉你，杰克每天晚上都从赌场外的自动取款机取出 400 美元，你就会得出一个结论：杰克是个赌鬼，而且输了很多钱。相比之下，人工智能只会得出一个结论：杰克明天将再取 400 美元。除此之外，它不会从道德层面作出任何判断。

同样，推特的算法从你的粉丝和推特活动中推断你可能会喜欢 X 内容或 Y 内容，而无法知道你是右翼还是左翼人士、聪明还是愚蠢、好奇还是偏执。最重要的是，如果你一直在追《眼镜蛇》（*Cobra Kai*）、《养虎为患》（*Tiger King*）和《璀璨帝国》（*Bling Empire*）等剧集，网飞公司的算法也不会认为你肤浅无脑。只有人类才会这样做，因为人类会解释说，他只不过被封锁在家，实在觉得无聊才看电视剧的，或者认为他对低俗流行文化充满了讽刺和病态的好奇心——至少我就是这样给自己找借口的。

如果我们具备更好的理解力，就能避免在生活中做出很多错误的选择。比如说，当你知道航班要延误，就不会浪费时间在机场等待；当你约某个朋友见面，知道对方经常迟到，就不会浪费太多时间等他。

同理，当我们不仅能够预测事情的发生，还能明白做出这些选择会带来什么后果，你在进行人生重大决策时就更容易避免犯错，从而将错误决策的风险降到最低。例如，有人之所以从事不光彩、令人厌恶和没有成就感的职业，是因为别人告诉他们这个选择是对的，也许是他们的阿姨、叔叔、母亲或表兄弟，这些人说："像你汤姆叔叔那样当个律师吧。"但如果他们能真正明白选择不同的工作或职业会让他们茁壮成长、业绩突出并最终取得成功呢？

你有好奇心吗？

每符合一条描述加 1 分，然后得出总分。

序号	问题描述	得分
1	我很少花时间读书。	
2	我更喜欢看新闻标题，而不是看整篇故事。	
3	我觉得社交媒体的好处在于可以紧跟时事，却不用研究新闻细节。	
4	我年轻时的好奇心比现在大得多。	
5	我几乎没时间刨根问底。	
6	只要事情进展顺利，我就不会去抠细节。	
7	我认为可以在网上得到想要的答案时，那就没必要研究这些问题了。	

序号	问题描述	得分
8	我很少浪费时间做白日梦。	
9	我不想去了解人们为何会形成错误观点。	
10	我和朋友们的想法一致。	
总分		

0～3分：你可能生活在一个不同的时代或宇宙中，或者你的好奇心特别重。尽管面对来自科技的干扰，你还是会找时间来锻炼你的意志力，为你饥渴的头脑提供精神食粮。

4～6分：你处于平常水平，好奇心可大可小。与大多数人一样，你应该警惕技术工具和其他提高效率的数字化手段，不要让它们控制你的学习欲望。

7～10分：你是人工智能时代的完美公民。请记住，机器可能拥有任何问题的答案，但只有当你真正能够提出有意义或有价值的问题，而且能批判性地评估你得到的答案时，机器才会起到应有的作用。是时候释放你的学习能力了。

AI 时代人性的弱点

I, HUMAN

I, HUMAN

AI, AUTOMATION AND THE QUEST TO
RECLAIM WHAT MAKES US UNIQUE

第 8 章

何以为人？

德国探险家亚历山大·冯·洪堡（Alexander von Humboldt）曾写道，人存在于世界的目的是"将尽可能广泛的生活经验升华为智慧"。

正如本书想强调的那样，如今我们正处于人工智能时代的早期阶段，如果对人类进行坦诚的自我评估，就会发现我们可能远未运用冯·洪堡的原则。相反，更准确地说，现在人类存在的目的是提高机器的智慧。

无论你如何看待人性，它都不是点击一下鼠标就可以了解的东西。相反，每点击一下鼠标，我们可能离人性就越远。我们整天盯着手机或电脑屏幕，往往只是为了看看自己的脸，有时还要把 10 秒的注意力分配给大量的重复活动，这显然不能把广泛的经验升华为智慧。另外，人工智能似乎比我们更遵循冯·洪堡的原则。如今，人工智能可以体验人性的方方面面，包括好的、坏的、无聊的和无用的。

纵观历史，人类大多不愿意质疑自身的有用性，这有点像火鸡希望取消感恩节晚餐。由此类推，在判断我们自身物种重要性时，想知道人类是否有可能被自动化或作为一个物种进化时，我们可能无法给出最客观的答案，更何况人类生来就不客观。正如剧作家威廉·因格（William Inge）指出的："绵羊通过了支持动物吃素的决议，但这样的决议毫无用处，因为狼仍对此持不同看法。"

世界是人类进步和发明创造的产物。我们所发明的一切，包括人工智能在内，都是我们的创造力、天赋和聪明才智带来的成果。虽然许多发明导致人类变得毫无用处。最广为人知的一个例子就是，工业革命导致了系统化的技术性失业，这是一种结构性失业，通常被归因于技术创新。因此，当机械化织布机问世后，数以百万计的手工纺织者在生产上变得无足轻重，变得贫穷也就可想而知了。事半功倍是技术的普遍目标，而这里的"半"，往往就是人类了。

万幸的是，这种情况可能不会很快再现。和以往的科技革命一样，人工智能使某些现有工种变得多余的同时，也创造出了很多新工作，让人类相当忙碌，不过前提是人类拥有相关技能和动机，参与到人工智能创造的新活动当中，例如商店经理变成电子商务主管，电子商务主管变成网络安全分析师，网络安全分析师又变成人工智能伦理专家……然而，所谓"福兮祸所伏"，无论我们的专业能否派得上用场，人工智能时代似乎带出了人类最丑陋的一面。它非但没有提高人类的心理标准，反而还降低了，把我们变成了一个极度沉闷和原始的人。

我认为，至少从事后诸葛亮的角度来看，人工智能时代最大的悲剧就是：我们担心工作变得自动化，却最终成功地把自己和生活自动化了，我们给曾经相对有趣和愉快的生活注入一剂强力的"单调乏味"针和"标准化"针。我们升级人工智能升级的同时，也在降级自己。我们可以把文化创造力和人类想象力的弱化归咎于新冠疫情和封城，但更准确的解释也许是：疫情只是提醒我们失去了一些重要的东西，将我们限制在一种类似于元宇宙混合前身的生活形式中。这些东西是真实的而非数字化的人际关系、各种各样的经历，以及丰富的模拟冒险。幸运的是，我们仍然可以追问：在人工智能时代，是否有更好的方式来表达我们的人性，让我们能寻求一种更人性化、更人道的生活方式。

诚然，成为人类有很多种方式，而文化扮演着重要的角色。它决定了人类重要行为和态度的差异，包括可观测到的共性、普遍性和历史模式。有人曾说过，人类历史"倒霉事一桩接一桩"，但人类的故事其实很有意义且充满了吸引力。如果你在国外旅行过，那么当你到达外国机场，就会注意到这些差异。时间也一样，会对社会行为产生强有力的影响，为我们提供表达人性的基本规范和规则。所以，在罗马帝国、中世纪、文艺复兴和最初的工业革命等时期，都有一种特殊的人类存在方式。即便如此，在每个时期或时代，仍能或多或少地表达人性。所以，即使人工智能释放了我们人性中一些最不可取的倾向，但在个人层面，我们都有力量和能力抵制它。

人类并不擅长追求幸福

技术效率对我们的生活产生去人性化和净化是积极心理学的强大动力。积极心理学是一种精神运动，旨在找回人类失去的快乐和满足感，它假定我们存在的本质应该是超越自我、达到精神平衡，并优化我们的生活，以获得积极的情感，比如主观层面的安乐和幸福。

"一定要幸福"是我们这个时代的魔咒，它渗透到大部分人的人生追求和意义中。如今，这已成为主流，以至于让人很难相信对幸福的痴迷只是近年来出现的现象。它最初由消费社会推动，心灵鸡汤为我们的自尊奏响了振奋人心的旋律。

追求幸福无可厚非，但长期以来的学术研究表明，人类并不是很擅长追求幸福，尤其当我们痴迷于此的时候。从进化的角度来看，幸福变成一个游离不定的目标是合乎情理的。奥斯卡·王尔德（Oscar Wilde）说过："人生的悲剧只有两种，一种是求而不得，另一种是得偿所愿。"不过这个道理并非适用于每一个人。有些人生来就幸福，所以由生物学决定的性格特征，比如情绪稳定性、外向性以及亲和性（学术型心理学家称之为"情商"）比外在生活事件或环境，包括中彩票或结婚，甚至是离婚更能预测一个人能否终身幸福。

当然，我们都有体验幸福的能力，但关键在于，人们需要幸福、想要幸福和追求幸福的程度有着巨大差异。所以，如果我们叫别人更快乐一些，就无异于要求对方变得更外向或更不合群等，也就是要求他们改变自己的个性。

幸福有时会变成一个相当自私或自恋的目标。有证据表明，人们对自己的生活越满意，尤其是对个人成就越满意，自恋感就越强。当你看着镜子里的自己时，你有多高兴？这反映的更多的是你的自我、你的客观成就，而不是镜子里那个人。如果你感觉良好，那是因为你觉得自己本来就很棒。

抛开自恋不谈，很多人为了追求幸福而优化自己的生活，却没有对任何形式的进步作出贡献，同时还在很多方面给其他人的进步制造障碍。如果你的幸福建立在别人的痛苦之上，而你的痛苦是别人的幸福，那显然有些事情出了岔子。与人们普遍看法不同的是，不满、愤怒和不幸也是人类的一股强大生产力。所以，我们不应该用药物来对抗它们。每吞下一颗让自己感到幸福的药丸，包括那些社交媒体平台上获取自我增强的反馈信息，我们内心潜在的动力或野心就更麻木迟钝一点。

> 在很多工业化国家，人们对幸福的追求已经变成了一种生化追求，尤其是在美国。美国人口仅占世界人口的 5%，却占了全球制药市场的 40% 左右。

《独立宣言》提到了"追求"幸福，而不是"获得"幸福，那些一心追求幸福的人，即使在追求的过程中获得了有价值的东西，最后却没有一个好结果，这种情况也是很常见的。

然而，如果说历史是由伟人传记构成的，那他们的成就是他们不满的产物，而非他们幸福心态的产物。玛雅·安吉罗曾说过一句名言："如果你不喜欢某个事物，那就改变它。"人类文明进化中的任何创新或划时代事件都是那些对现状深感不满的人完成的。

正是因为脾气暴躁、不满现状，他们才想用更好的规范、产品和理念取代原有事物。古希腊人创造了人类历史上最先进、最复杂的文明之一，但他们却"易怒且不满，内斗不止"。无论特斯拉、高盛还是脸书，所有雄心勃勃的现代企业也是如此。我们可能不会觉得这些企业是人类历史上最能推动进步的创新企业，但对于平均每天花 40 分钟在脸书上的 23 亿用户来说，如果没有脸书，生活的乐趣就会大打折扣了。毕竟这些用户数量可是占人类总数的 40% 呢。

● I, HUMAN ○

人的不满情绪是变革的重要驱动力。

如果我们从别人的角度来追求幸福，那追求幸福就会更容易让人接受。与崇尚个人主义的西方不同，崇尚集体主义的东方人更倾向利用他人的幸福。因此，要是我们人性的最终表达方式是努力让他人快乐，或至少减轻他们的痛苦程度，会怎么样呢？要是正如甘地所言，"找到自我的唯一方法就是全身心为他人服务"，又会怎样呢？从这个角度来看，我们应把促成他人幸福视为更有意义的事情，它甚至可能是实现个人幸福的先决条件。

去珍惜爱、哭泣、感知和微笑的能力

人类将何去何从？我们不应根据人工智能可以把人类带向何方来判定，因为控制权仍在我们手里。无人驾驶汽车已经出现，希望自动化的人类不会很快成真。只要我们还有灵魂，并且有能力聆听灵魂的声音，我们就可以避免迷失、放弃和永远湮灭在数字世界中。我们不只是一个数据发射器，而是应该珍惜爱、哭泣、感知和微笑的能力，因为这些仍然是人类天生和独有的能力。

即使人工智能和科技试图优化我们的生活，我们想要和不想要的东西也完全由 0 和 1 决定了，但很大程度上我们仍在忙着一些古老的活动，我们学习、说话、工作、爱与恨、与人亲密……在这个过程中，我们不断在一些确定性和更大的不确定性之间切换，比如试图理解我们为什么来到世上？也许不是为了得到点赞或转发？

从旧石器时代的穴居人到 Instagram 网红，在任何特定的时间和历史时期，人类永远需要和睦相处，彼此超越，并在生活中的主要活动，比如宗教、科学、爱好、工作或人际关系中找到意义和目标。只要我们能利用人工智能或人类发明的其他工具来提高我们满足这些需求的能力并且变得更好，我们就能

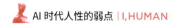

对自身的进化感到乐观。

归根结底，最重要的是人类要不断完善自己，即找到一种更好的存在方式，并通过让自己变得更好来改善人类。哲学家西蒙·布莱克本（Simon Blackburn）在其伦理学入门著作《向善》（*Being Good*）中总结道："如果我们谨慎、成熟、富有想象力、公平、善良和幸运，那我们凝视道德之镜中的自己时，未必会看到圣人，但也不会看到恶魔。"

我们都有能力成为更好的自己，但这不仅需要意志力，还要有方向感。如果你朝着错误的方向疾驰，你最终只会被进步和活跃的假象所迷惑，离你需要去的地方越来越远。

> ● I, HUMAN O
>
> 　　如果你不关心自己想去哪里，那么你走哪条路真的不太重要。

人既能为善，也能作恶，即使我们拥有一定的智力和成熟度。每当谈及著名的自由市场资本主义捍卫者亚当·斯密（Adam Smith），我们就经常想起"看不见的手"。据说，这只"看不见的手"能把贪婪和自私的营利性动机转化为一种仁慈的秩序。实际上，斯密从未真正使用过这个词。要完全理解斯密的理论

和思想，就应该包括他对同情心、同理心和大公无私的重要性
的认可，或正如他所指出的那样：

> 无论人们认为人有多么自私，在他的天性中显然存
> 在一些原则，这些原则让他对他人的命运感兴趣，并让
> 他觉得他人的幸福对他来说是必要的，尽管他除了看到
> 别人的幸福而感到高兴之外，并没有得到任何好处。怜
> 悯或同情心就是这样一种情感，当我们看到别人的不幸
> 时，或以一种非常生动的方式想象别人遭受苦难时，就
> 产生这种情感。

简而言之，当团队中的每个人都无私时，团队就会变得更
好，因为他们可以从彼此的行为中共同受益。少关注一些个人
目标，多关注团队目标，并且个体争相为别人而牺牲自身利益
时，团队才能出绩效。但这种反直觉的相互作用并不是团体、
组织或社会的自然状态，它需要有领导力的人加以阐明或至少
管理好个人贪婪与集体生产力之间的矛盾。如果个体成员完全
崇尚个人主义或自私自利，那团体和社会的福利就不可能存在。

以垃圾回收为例：如果一个人乱扔垃圾，清理这些垃圾并
不用耗费太多钱和时间，但如果每个人都这样做，那环境就会

崩溃。再以纳税为例：唐纳德·特朗普曾吹嘘自己很聪明，根本不用纳税。他之所以敢这样讲，是因为他认为很多美国人不像我们所期望的那样很关心环保问题。正因为他有着如此的洞察力，才会成为美国历史上得票最多的总统候选人（参加了两次大选，共获得 1.372 亿张选票）。

在我写这本书的时候，世上正发生着另一种贪婪行为。这是疫苗使用不平等造成的，富裕国家囤积新冠疫苗，贫穷国家则因为缺乏疫苗而处于崩溃边缘。日本、加拿大和澳大利亚的新冠病例不到全世界的 1%，但得到的疫苗多于拉丁美洲和加勒比地区，而后者的新冠病例占全球病例数的近 20%。也许你觉得这纯粹是优胜劣汰带来的公平结果，然而当贫穷国家没有获得疫苗时，富裕国家也会遭受损失。所以，这不是纯粹的利他主义缺失，而是贪婪的自我毁灭。

但这也有一个问题：一个团体或系统越友善，越有同情心，不善良的动机就越大。因为每个人都很善良，所以对你的善意的需求就减少了，你就可以做一个自私自利的"寄生虫"，利用别人的善良来获益。可一旦"寄生虫"的数量超过了助人为乐者，系统内部的竞争就会削弱该系统与其他团体竞争的能力。

最高效的团体行为形式是在个人抱负和对他人的同理心和

亲社会倾向之间找到完美的平衡。这样的团体明白，个人成功
不能以牺牲团体福祉为代价；如果不释放个人潜力，团体的福
祉就无从谈起。亚当·斯密因倡导残酷无情和竞争激烈的资本
主义而背上了不公正的名声，实际上，他把仁慈和同理心视为
社会高效运转的核心。达尔文也是如此，达尔文主义常常被妖
魔化倡导自相残杀式的残酷竞争，但实际上，他把利他主义和
伦理学视为自适应群体生存和竞争的基本美德：

> 尽管高标准的道德对某个人和他的孩子来说，只
> 会让他们比同一部落的其他人略有优势，甚至没有优
> 势……但道德标准的提高肯定会赋予某个部落比另一个
> 部落更巨大的优势。

在人工智能时代的早期，我们主要担心社交媒体和过度的
数字自我关注会让我们变得自私和反社会，如本书所示，现在
的研究确实也已经证实了这一点，但现在就断定"人工智能时
代导致文化向系统性自私转变"还为时过早。如果说善良是一
种天生的、自动形成的反应，那我们就不会花那么多时间去哀
叹自己不够善良或鼓励更多人善待他人。

重点是，善良的社会会更好，至少你完善自我是为了大多

数人，而不是为了那些处于社会顶层的人，尤其善良无法帮助人们达到社会顶层的时候。问题就出在这里：当我们尝试让世界变得善良时，那些不善良的人就可以利用他人的善良爬到社会顶层；而当我们尝试让世界变得不善良时，我们却哀叹世界缺少善良，让那些最残酷无情、最不善良和带着"寄生"毒性的人爬上社会顶层。

那么，我们如何才能培养善德呢？我们甚至无法让足够多的人回收垃圾或真正关心地球。人工智能能帮得上我们吗？谷歌问世后的头十年里，一直在提醒自己也提醒我们不能走歪路，而在接下来的十年里，它很大一部分时间都用来应对诉讼，恢复其口碑，并解雇其人工智能伦理研究人员。至少在今天看来，会担心人工智能系统不道德，似乎是我们不质疑自身道德标准的完美借口。

为了成为更好的自己，我们必须要求人工智能发挥比现在更大、更有影响力的作用。能借助技术来提高自我意识，更好地了解自己，并凸显"现实的我"与"理想的我"之间的差距，那人工智能就是一个好工具和好伙伴。其实我们甚至不需要人工智能取得巨大的进步，就能实现这个目标。即使在今天，它也是一个可能的、可行的、易于实现的目标。

"进步"一词并没有普遍的定义，尤其是在个人层面上。

有人可能想跑马拉松，有人可能想写小说，还有人可能想建立一个帝国。要将"成功"概念化，有很多方法，而每种方法或解读方式都被限定在某种心理模型中，尤其是人类价值分类法。这种方法可以把人类价值分门别类，比如地位、自由、快乐、安全等。最明确的是，变化永远是这个等式的一部分。一成不变或冥顽守旧是无法使人变得更好的。

你我都受过教育，劳动力市场称我们为"知识工人"，不容易受到工作自动化的威胁，且更有可能享受工作条件改善和工种进化带来的好处。可即便如此，我们的日常工作经验似乎与一个被异化的工厂工人或处于工业革命中的人相差不大。客观地讲，我们的生活比他们过得更好些，但在主观层面，相较于我们不断提高和不切实际的期望而言，想通过实际工作经验来实现梦想的压力可能会给我们带来太多心理或精神负担。难怪大多数人都会失望，会脱离现实，去寻找另一份工作事业或另一种生活。

我们需要更多神奇的体验，但这些体验不会在网上发生。我们可能还没有意识到这点，但这也说明大型科技公司高明的推波助澜策略已经奏效，但是，"优化人类生活"和"优化算法性能"之间是有区别的，"让生活更轻松"和"让世界更美好"之间也是有区别的。

与直觉相反的是，我们如今提高生活效率的能力在很大程度上是通过算法优化来实现的，这或许会扼杀我们发挥人类智慧改变世界、让世界变得更好的动力。我们越满足于日常生活中的便利和效率，就越不可能给世界带来变革和创新。

让人工智能助我们成为善良而有智慧的人！

显然，我们的机会在于利用人工智能来改善人性。如果我们能够利用人工智能革命来让工作更有意义、释放我们的潜力、提高我们对自己和他人的理解，并创造一个偏见更少、更理性、更有意义的世界，那么人类这个物种的进化机会就很大。只有一个问题：只有首先承认人工智能的潜在风险，也就是人工智能会放大我们身上不可取的、较具破坏性的适得其反的倾向，承认了这一点我们才能实现目标。人工智能的崛起给我们上了重要一课，即我们人性的不同层面不仅被表达和暴露出来，还有如何被重塑的。我们必须使用人工智能来释放或利用我们的潜能。

人工智能会唤起或激发我们人性的哪些主要表达形式？人工智能最终会成就还是会毁灭我们？它会给那些掌握了它的社会带来巨大的经济、社会和文化优势吗？我们不知道我们将会如何改变,但可以相信某种程度的变化已经发生。也许变化好坏兼有,也许变化寂静无声。正如作家玛格丽特·维瑟(Margaret Visser)所言:"我们越把日常事物视为理所当然,它们对我们生活的支配和影响就越大。"

历史学家梅尔文·克兰兹伯格(Melvin Kranzberg)曾说过,科技不存在好坏或中立之说。事实上,要想科技不影响人类,唯一的途径就是不让任何人使用它,这与我们今天的情况恰恰相反。也有人说,人类往往高估科技带来的短期影响,但低估了它的长期影响。

我们的子孙后代可能会通过 YouTube 或类似事物来了解我们的故事,了解我们在数字化之前的生存方式。就像前苏美尔文明时期,传说和故事通过歌曲和戏剧代代相传,我们的后人也将听到我们曾通过拨号的方式探索蛮荒时期的互联网,那时候的网络由质朴的数字景观组成,没有视频会议疲劳症,也没有可爱猫咪滤镜和深度伪造技术。

人类正在不断进步,我们的进步不是为了殖民火星、建造无人驾驶汽车、掌握量子计算技术或用 4D 打印机打印出我们的完美配偶,而是为了提升我们自己,创造出具有更强适应力、更完善、面向未来的我们。

我们要接受这样一个历史事实,即人类通常没有什么动力在进化方面超越前人，更不用说在道德层面实现超越了。然而，如果我们创造条件来激励人们提升标准，那么我们也许可以看到人类文明以一种自下而上、以有机和渐进的方式取得进步。

在未来，我们也许会乐于逃离机器预测，并发现令人陶醉的偶然时刻，我们可能会发现自己置身于发明和创造的神奇空白地带，远离算法的影响，将人类的存在形式扩展到几乎被遗忘的区域……我们故意欺骗人工智能，以摆脱枯燥乏味的重复语法，并根据对机器来说用处不大、价值不大，但与我们息息相关的情绪、思想和行为来重写生活。在这种生活中，机器无法削弱人类智能，人工智能也无法把我们变成机器。

我们可以重拾人类丰富多彩的体验，重新找到某种算法化、高效的生活与有趣、不可预测、神奇的生命体验之间的平衡。我们不应成为在矩阵之外生存[①]的最后一代人，也不应成为被机器学习吞噬的第一代人。我们应该努力茁壮成长，可以允许机器继续学习，也不要停止自己的学习。不要受制于人工智能，希望我们也能找到这种决心。

问题的解决方案依旧不够明朗，更别提简单的解决方案了。尽管如此，这个解决方案也必定结合了善良、智慧和独创性。

---

① 原文为"exist outside the matrix"，没有明确的定义，可理解为某事物发展的文化、社会和政治环境，此处解释为计算机生成的虚拟现实梦幻生活。——编者注

诚如诺姆·乔姆斯基[①]（Noam Chomsky）所言：

> 我们是人，而非机器人。我们在工作，但依旧是人。作为一个人，意味着要从丰富的文化传统中受益——不仅是你自己的传统，还有其他很多传统——不仅技能变得熟练，而且人也变得更聪明，成为一个能够创造性思考、独立思考、探索、查究和为社会做贡献的人。如果你不具备这些素质，不如被机器人取代。我认为，如果我们想拥有一个值得生活于其中的社会，就不能忽视这一点。

未来从今天开始，让我们现在就行动起来吧。

[①] 美国哲学家、麻省理工学院语言学的荣誉退休教授。其《句法结构》被认为是 20 世纪理论语言学研究上最伟大的贡献之一。

AI 时代人性的弱点

I, HUMAN

致 谢
I,HUMAN

本书是多年来与许多杰出思想家进行的许多讨论、交流和对话的产物，他们深刻影响了我对人工智能与人类智能的看法。

我要感谢我的《哈佛商业评论》编辑们：丹娜·罗斯马尼埃（Dana Rousmaniere）、佩姬·科恩（Paige Cohen）和萨拉·格林·卡迈克尔（Sarah Green Carmichael，现在在彭博社），他们帮助我塑造了这一主题的早期想法。还要感谢本书编辑凯文·埃弗斯（Kevin Evers），他忍受了近乎自虐的过程，整理、编辑，特别是清理了他从我这里收到的胡言乱语和沉思，神奇地将它们变成了书。同时，感谢 Fast 公司的莉迪亚·迪什曼（Lydia Dishman）总是提出有趣的问题，推动了我的思考。

我还要感谢那些一直激励并帮助我在人类人工智能领域架起理论与实践桥梁的人们。我的万宝盛华集团的同事，特别是贝基·弗兰基维奇（Becky Frankiewicz）、米歇尔·内特尔斯（Michelle Nettles）、加内什·拉马克里希南（Ganesh Ramakrishnan）、斯特凡诺·斯卡比奥（Stefano Scabbio）、弗朗索瓦·兰孔（Francois Lancon）、阿兰·鲁米哈克（Alain Roumihac）、里卡多·巴贝里斯（Riccardo Barberis）和乔纳斯·普里辛（Jonas Prising），他们致力于利用合乎道德的人工智能帮助数百万人在职场上蓬勃发展。奇奇·莱特纳（Kiki Leutner）、里斯·阿克塔尔（Reece Akhtar）、尤里·奥尔特（Uri Ort）、戈尔坎·艾哈迈特奥卢（Gorkan Ahmetoglu），他们将这些想法转化为创新，并弥合了人工智能与 IO（心理学）之间的鸿沟。

感谢我了不起的合著者、思想伙伴和创意发起者，特别是艾米·埃德蒙顿（Amy Edmondson）、赫米尼亚·伊巴拉（Herminia Ibarra）、辛迪·盖洛普（Cindy Gallop）、卡塔琳娜·伯格（Katarina Berg）、娜塔莉·纳海（Nathalie Nahai）、达科·洛夫里奇（Darko Lovric）、詹皮耶罗·佩特里格里埃里（Gianpiero Petriglieri）、乔什·贝尔辛（Josh Bersin）、尤瓦尔·哈拉里（Yuval Harari）、斯科特·加洛韦（Scott Galloway）、奥利弗·伯克曼（Oliver Burkeman）和梅尔文·布拉格（Melvyn Bragg）。

最后，我要感谢我的文学经济人吉尔斯·安德森（Giles Anderson），感谢他在本书创作过程中的明智建议和指导，极大地改进了你们现在看到的这本书。

GRAND CHINA

中　资　海　派　图　书

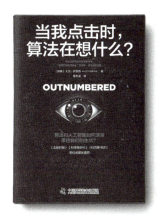

[瑞典] 大卫·萨普特　著

易文波　译

定价：69.80元

扫码购书

《当我点击时，算法在想什么？》

科技巨头的算法黑箱不断影响和控制人类
智能化新纪元人类该如何与算法和谐共存

　　我们生活在一个由算法构筑的世界：这些基于数据的算法不仅掌控着社会的运转、筛选着我们的网络见闻，还构成了自动驾驶、智能家居、前沿医疗、智慧城市乃至元宇宙发展的根本。它们是人类步入智能化新纪元的关键驱动力。

　　随着我们对数字技术的依赖日益加深，数学家和数据研究者得以透过它们窥探我们的日常生活。他们通过收集我们的购物记录、消费倾向、兴趣爱好和旅行路径等数据，试图解码我们的日常行为模式。但是，这些数据驱动的分析结论究竟有多精确？若不深入了解数学的能力与局限，我们又怎能洞悉它是如何悄无声息地重塑我们的世界？

　　在《当我点击时，算法在想什么？》中，萨普特通过对谷歌、脸书、推特、亚马逊等科技巨头的数据专家的访谈，拆解了这些科技巨头的算法模型，为我们破解了它们的算法黑箱、揭示了数字时代智能产品背后的奥秘。只有理解算法背后的运作逻辑，我们才能摆脱算法的控制，并按我们自己的想法塑造算法以及数字科技。

READING YOUR LIFE

人与知识的美好链接

20 年来，中资海派陪伴数百万读者在阅读中收获更好的事业、更多的财富、更美满的生活和更和谐的人际关系，拓展读者的视界，见证读者的成长和进步。现在，我们可以通过电子书（微信读书、掌阅、今日头条、得到、当当云阅读、Kindle 等平台），有声书（喜马拉雅等平台），视频解读和线上线下读书会等更多方式，满足不同场景的读者体验。

关注微信公众号"**海派阅读**"，随时了解更多更全的图书及活动资讯，获取更多优惠惊喜。你还可以将阅读需求和建议告诉我们，认识更多志同道合的书友。让派酱陪伴读者们一起成长。

⬡ 微信搜一搜　　🔍 海派阅读

了解更多图书资讯，请扫描封底下方二维码，加入"中资书院"。

也可以通过以下方式与我们取得联系：

📇 采购热线：18926056206 / 18926056062　　📞 服务热线：0755-25970306

✉ 投稿请至：szmiss@126.com　　◎ 新浪微博：中资海派图书

更 多 精 彩 请 访 问 中 资 海 派 官 网　　(www.hpbook.com.cn ›)